教育部高等学校材料类专业教学指导委员会规划教材

国家级一流本科专业建设成果教材

材料X射线衍射
基础与实践

王利民 吴立明 张宴会 等 编著

X-RAY DIFFRACTION OF MATERILAS
FUNDAMENTALS AND APPLICATIONS

U0300555

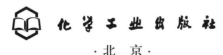

化学工业出版社

·北京·

内 容 简 介

《材料X射线衍射基础与实践》根据"教育部高等学校材料类专业教学指导委员会规划教材"建设项目的要求，博采同类教材众长并结合编者多年教学和科研心得，从学生学习角度整合教材内容，教材深挖教学重点、剖析难点，不仅着眼于学生基础知识结构的构建，更注重学生思考能力的培养。

本书内容的安排如下：第1章绪论，阐述该课程在材料科学与工程专业课程体系中的定位，介绍衍射现象和衍射技术的发展历程；第2章讲解X射线的基础物理知识；第3章为材料晶体结构的描述方法，重点解释引入倒易空间描述晶体结构的科学性和意义；第4～6章讲解X射线晶体衍射的基本理论，包括衍射方向、衍射强度和衍射线形等，重点内容包括劳厄方程、布拉格方程、衍射矢量方程、埃瓦尔德图解、消光规律、干涉函数等；第7章为X射线衍射技术和方法，介绍获得衍射图谱的常见技术和基本方法；第8、9章介绍X射线衍射技术的基本应用，主要包括材料的物相鉴定与定量分析、点阵常数测定、结晶度分析和应力分析等。

本书是高等学校材料类专业的本科和研究生教材，也可供材料研究和工程领域的技术人员参考。

图书在版编目（CIP）数据

材料X射线衍射基础与实践/王利民等编著.—北京：
化学工业出版社，2023.9
ISBN 978-7-122-43873-7

Ⅰ.①材… Ⅱ.①王… Ⅲ.①多晶-X射线衍射-
教材 Ⅳ.①O721

中国国家版本馆CIP数据核字（2023）第136151号

责任编辑：陶艳玲　　　　　　　　　　文字编辑：段曰超　师明远
责任校对：王鹏飞　　　　　　　　　　装帧设计：史利平

出版发行：化学工业出版社（北京市东城区青年湖南街13号　邮政编码100011）
印　　刷：三河市航远印刷有限公司
装　　订：三河市宇新装订厂
787mm×1092mm　1/16　印张11　字数248千字　2024年2月北京第1版第1次印刷

购书咨询：010-64518888　　　　　　　售后服务：010-64518899
网　　址：http://www.cip.com.cn

材料是人类文明进步的物质基础和重要标志，为高端装备、先进制造、航空航天、交通运输、土木建筑、能源环保、医学健康等众多领域提供重要支撑。材料的宏观性能与微观结构密切相关，而 X 射线衍射分析正是研究材料微观结构的最基础、最重要的技术之一，在材料的表征和性能优化、新材料的设计和探索中具有重要作用，广泛应用于材料、物理、化学、冶金、机械等学科中，是体现学科交叉特征的一种材料分析技术。

编者讲授"材料 X 射线衍射学"课程多年，熟知课程知识体系，同时也一直工作在材料科学研究一线。在撰写本书过程中，始终把学生专业能力和创新能力的培养作为核心和目标，并对标高校材料类专业毕业要求的内涵观测点，注重知识点的理论基础和在材料研究中的实际应用，旨在提升学生在材料认知、设计和调控等方面的专业能力，并培养创新思维，为国家培养具有突出科技创新能力、善于解决复杂工程问题的高素质人才。此外，编者增设了部分课程思政内容，以及科技前沿和进展的报道，体现课程的时代性和前沿性，并引导学生增强爱国精神。例如，分别在第 1 章和第 8 章增加了我国"慧眼"硬 X 射线卫星、我国科学家在 X 射线发展中的重要贡献和伟大成果等内容，以及 X 射线衍射技术研究材料位错密度等最新成果。

本教材为燕山大学金属材料工程专业、无机非金属材料工程专业、高分子材料与工程专业、材料物理专业国家级一流本科专业建设成果教材。在本书撰写中，突出了以下几个方面：(1) 逻辑融通。注重内容的整体性，详述核心知识点引入的必要性、重要性、科学性，强调核心知识点之间以及章节间的逻辑关系。(2) 问题导向。围绕科学问题而引入知识点讲授，并引发学生思考，通过增加习题与思考题，强化知识点的巩固和应用。(3) 难点剖析。设置了独立章节讨论教学难点，如倒易空间、劳厄方程与布拉格方程的衔接、衍射矢量方程、干涉函数等内容。(4) 重点深挖。核心内容贯穿于多个章节，从多角度认识和理解，如布拉格方程、点阵消光、埃瓦尔德图解等。(5) 专业兼顾。内容涵盖了 X 射线衍射在金属、无机、高分子等材料体系中的应用，也包含了非晶态材料的结构与衍射相关内容。(6) 内容精练。本教材以基础理论讲解为主，辅以相关实际应用范例，针对本科生教学课时要求，尽可能压缩与核心理论关联性较弱的内容。

本书的第 1、4~6 章主要由燕山大学王利民教授完成，第 2、7 章主要由北京师范大学吴立明教授完成，第 3、8、9 章主要由燕山大学张宴会老师完成，三位编者均对全书进行了系统的校对工作。此外，本书编著过程中也得到了众多材料领域专家的支持和帮助。燕山大学材料科学与工程学院冯士东教授协助撰写了第 1 章和第 6 章的部分内容，舒予老师协助撰写了第 2 章和第 7 章的部分内容，梁永日教授协助撰写了第 8 章部分内容，王天生教授、梁永日教授、翟昆教授、范长增教授、王霖教授对本书进行了校正。燕山大学理学院李子敬副教授参与了第 1 章部分内容的撰写。燕山大学材料科学与工程学院综合实验室乔琪老师提供了部分物质的 X 射线粉末多晶衍射图谱。燕山大学材料科学与工程学院田永君院士和刘日平教授给予了大力支持并提出修改意见和建议。中国物理学会 X 射线衍射专业委员会秘书长、中国科学院物理研究所王文军研究员，中国科学院物理研究所董成研究员，南京大学吴迪教授，华北理工大学许莹教授与编者进行了多次有益讨论，并提出宝贵意见。在此，对各位专家的付出和支持表示衷心感谢。

由于编著者水平有限，书中难免有不妥之处，敬请读者批评指正。

编著者

2023 年 6 月

λ	X 射线波长，Å
ν	X 射线频率，Hz
U	X 射线管电压，kV
λ_0	短波限，Å
h	普朗克常数，6.626×10^{-34} J·s
e	电子电荷，1.6×10^{-19} C
C	光速，2.998×10^{8} m/s
k_B	玻尔兹曼常数，1.381×10^{-23} J/K
ε_0	真空介电常数，8.854×10^{-12} F/m
m	电子质量，9.107×10^{-31} kg
m_a	原子质量，amu 或 u
r_e	经典电子半径，m
Z	原子序数
E	能量，eV
E_n	原子能级
ρ	密度，g/cm^3
ρ_a	平均原子数密度
d 或 d_{hkl}	晶面间距，Å 或 nm
d_{CD}	相干畴尺寸，Å 或 nm
$\vec{r}$，$\vec{r_i}$ 或 $\vec{r_j}$	原子位置矢量
$\vec{s}_{uvw}$	晶带轴矢量
$\vec{r}_{mnp}$	晶胞位置矢量
$\vec{r}^{*}$ 或 $\vec{r}^{*}_{HKL}$	倒易矢量
$\vec{r}^{*}_{\xi\eta\zeta}$	流动倒易矢量

$\vec{k}$	波矢量
a，b，c，α，β，γ	点阵常数或晶胞参数，长度单位为 Å，角度单位为（°）
$\vec{a}$，$\vec{b}$，$\vec{c}$	实空间晶胞基本矢量
$\vec{a}^*$，$\vec{b}^*$，$\vec{c}^*$	倒空间晶胞基本矢量
HKL	倒易点
(hkl)	晶面指数
(HKL)	衍射指数
$\{HKL\}$	晶面族指数
$[uvw]$ 或 $\langle uvw \rangle$	晶向（带）指数或晶向族指数
θ 或 2θ	X 射线掠射角或衍射角，（°）或 rad
Δ	光程差
n	反射级数或正整数
f	原子散射因子
A_a 或 A_e	原子或电子的散射振幅
F 或 F_{HKL}	结构因子或结构因数
G 或 G_{HKL}	干涉函数
V	X 射线照射并浸没其中的试样体积，m^3
ΔV	一个小晶粒的体积，m^3
V_0	晶胞体积，m^3
v_α 或 v_β	α 或 β 相的体积分数，%
w_i	元素 i 的质量分数，%
μ_m	X 射线质量吸收系数，cm^2/g
μ_l	X 射线线吸收系数，cm^{-1}
φ	散射波周向差
$\varphi(\theta)$	角因子
I	X 射线强度
$A(\theta)$	吸收因子
e^{-2M}	温度因子
θ_D	德拜温度，K
$\vec{s}$，$\vec{s}_0$	衍射光单位矢量、入射光单位矢量
$\vec{s} - \vec{s}_0$	衍射矢量
$\phi(\chi)$	德拜函数
$G(r)$	约化径向分布函数
$g(r)$	双体分布函数或双体概率密度函数

$\mathrm{RDF}(r)$	径向分布函数
X_c	结晶度，%
K_A	参比强度
σ_i，σ_K 或 σ_L	莫塞莱定律中的屏蔽因子，下标取作 K 或 L 分别代表元素的 K_α 线系或 L_β 线系
σ	应力，GPa
ε	应变，%
σ_1，σ_2，σ_3	主应力，GPa
Y	弹性模量，GPa
μ	材料泊松比
p	动量，kg·m/s
$\vec{b}$	柏氏矢量

目录

第 **3** 章 　材料晶体结构概述

第 **4** 章 　X射线衍射方向

第 5 章　X 射线衍射强度

第 6 章　X 射线衍射线形

第 7 章 材料衍射分析的实验方法

第 8 章 物相分析与点阵常数的精确测定

参考文献

第 1 章

绪论

X 射线相关技术与我们现代生活密切相关，例如，X 射线成像技术在医疗检查和各类安检等领域的应用已耳熟能详。2017 年我国自主研制的第一颗 X 射线天文卫星——"硬 X 射线调制望远镜卫星"，又称"慧眼"，发射升空，用以探测太阳高能辐射、脉冲星、伽马射线暴、超新星遗迹、黑洞等天体现象。这些技术利用了 X 射线的强穿透性。此外，X 射线在材料科学研究领域也有非常重要的应用，例如，利用 X 射线衍射技术理解物质内部原子排列的基本规律，帮助认识材料结构和性能关系，进而根据结构与性能的关系设计新材料、开发新功能。

材料科学与工程围绕材料的制备工艺、结构/成分、性能、服役四个层面展开研究❶，如图 1-1 所示。其中，材料结构研究是材料科学的基础，也是材料类专业本科课程体系的核心内容。材料结构研究从宏观到微观，涉及相、组织、缺陷、晶胞类型以及电子结构等。在材料类专业开设的相关课程中，材料近代分析测试方法是主干专业课程之一，包含 X 射线衍射分析、电子显微分析等内容。前者是近代材料分析中最重要的技术手段之一，利用该技术帮助人类对材料的理解从基于颜色、气味、形状和性能的表观感知深入微观原子级别的专业认知层面。可以说，X 射线衍射技术为人类探索材料世界开启了新纪元。

图 1-1　材料科学与工程研究的基本要素

1.1 X 射线的发现与应用领域

德国物理学家伦琴于 1895 年在实验中发现了 X 射线。伦琴观察到，当克鲁克斯管（阴极

❶　亦有说法为材料科学与工程研究的五要素，即制备工艺、结构、成分、性能与服役，见参考文献 [5]。

射线管）接高压电源时，会放射出一种穿透力极强的射线，他将之命名为 X 射线。

19 世纪末，经典物理学已经发展得十分成熟，几个主要分支——牛顿力学、热力学、分子运动论、电磁学和光学，已经建立了完善的理论体系，在实验和应用方面也取得了巨大成果。很多物理学家认为物理学已经臻于完美了，以后的任务只是在细节上做些补充和修正而已。然而，X 射线衍射技术的发现为晶体结构的研究提供了强有力的工具，极大地推动了原子物理、分子科学、化学和材料科学等学科的发展。自 X 射线发现 100 多年来，X 射线在物理、化学、生理医学等领域得到了广泛的应用，催生了一系列诺贝尔奖成果，发展出了多种 X 射线应用技术，如 X 射线成像、衍射、光刻和荧光等，推动了现代科技的快速发展。哲学家闵斯特贝尔格对 X 射线发现这一工作给予了高度评价，说过："假使机会促成了发现，那么世界上充满了这种机会，只是伦琴太少。"图 1-2 是俄勒冈动物园为动物进行健康监测时，利用 X 射线拍摄到的各种动物的骨骼构造。

图 1-2　不同动物骨骼构造的 X 射线透射影像
（来源：俄勒冈动物园，详见 https：//www.oregonzoo.org）

伦琴（W. C. Röntgen，1845—1923），德国物理学家。1845 年出生于德国莱茵州莱耐普（Lennep），1868 年迁居到瑞士苏黎世，1869 年在苏黎世大学获哲学博士学位，1870 年返回德国后先后在维尔茨堡大学、特斯拉斯堡大学和慕尼黑大学工作，1894 年任维尔茨堡大学校长。伦琴一直致力于物理学实验和相关的教学工作，于 1895 年经反复实验发现了一种人类未知的射线，并命名为"X 射线"。为了验证 X 射线的穿透能力，伦琴动员自己的夫人安娜（A. B. Röntgen，1839—1919）用手掌做实验，并拍下了人类历史上第一张揭示活体内部结构的 X 光片，为开创医疗影像技术铺平了道路。同年，伦琴将研究成果以《关于一种新的射线》为题提交给了威茨堡物理学会和医学协会。这一伟大的发现迅速传播到全世界，为此伦琴受邀于德国皇室做演讲和表演，被授予了二级宝冠勋章和勋位。但是，伦琴谢绝了贵族称号，没有申请专利和赞助，使 X 射线得到迅速发展和普及。目前，X 射线已经被广泛应用于临床医学、放射学和工业等领域，是物理学发展历程中的里程碑。为了纪念伦琴的成就，X 射线也被称为伦琴射线，另外第 111 号化学元素也以伦琴命名。1901 年，伦琴被授予首届诺贝尔物理学奖。

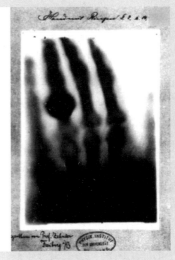

德国物理学家伦琴　　　　　伦琴夫人的手部 X 光片
　　　　　　　　　　　　　　（人类第一张 X 光片）

1.2 X 射线衍射学发展历程

　　X 射线衍射技术在材料科学中的主要应用包括晶体结构分析、物相定性分析与定量分析、非晶态结构和结晶度分析、晶粒尺寸分析、宏观应力与微观应力分析、晶体取向分析等。自 X 射线发现以来，人类利用衍射技术获得了大量无机和有机物质的晶体结构参数，包括大分子蛋白质等。近年来，也陆续发展了众多新型衍射技术，如掠入（出）射衍射、原位与极端条件下的衍射、共振 X 射线衍射和微区 X 射线衍射等技术。X 射线衍射学及相关工作中取得的部分重大突破概述如下。

　　① 德国物理学家劳厄❶（M. T. F. Laue）于 1912 年首次观察到晶体 X 射线衍射现象，拍摄了人类第一张晶体 X 射线衍射花样，建立了 X 射线衍射理论，证实了 X 射线的波动性及晶体中原子空间排列具有周期性的点阵假说。从此，人们可以通过分析衍射花样获得晶体的微观结构信息，对材料、物理、化学、生物等学科的发展发挥了巨大作用。1914 年，劳厄获诺贝尔物理学奖。

　　② 英国物理学家布拉格父子（W. H. Bragg 和 W. L. Bragg）二人提出了晶面"反射"X 射线概念，以解释晶体的衍射现象，创建了布拉格定理，解释了晶体中晶面特征与衍射方向、原子排列方式与衍射强度之间的关系，并率先利用衍射技术测定了氯化钠等材料的晶体结构，否定了氯化钠的分子构型假说，澄清了历史上关于氯化钠的结构之争；在晶体密度研究的基

---

　　❶　亦有文献翻译为劳埃。

础上，精确测定了阿伏伽德罗常数。1915 年，布拉格父子获诺贝尔物理学奖。

③ 德国晶体学家和物理学家埃瓦尔德（P. P. Ewald）于 1913 年根据吉布斯（J. W. Gibbs）倒易空间概念，提出了描述晶体结构的另一种方法，得到倒易点阵，建立了反射球构造法，并发展了 X 射线衍射的运动学理论，是建立 X 射线衍射方法学的先驱之一。

④ 英国物理学家巴克拉（C. G. Barkla）发现了元素的 X 射线标识谱线，推动了原子结构理论的建立。巴克拉于 1917 年获诺贝尔物理学奖。

⑤ 瑞典物理学家西格巴恩（K. M. G. Siegbahn）建立了 X 射线光谱学，阐明了电子壳层的特征能量和发生辐射条件。西格巴恩于 1924 年获诺贝尔物理学奖。

⑥ 荷兰物理化学家德拜（P. J. W. Debye）发展了劳厄的晶体结构 X 射线研究方法，创建了 X 射线衍射粉末多晶法，该方法成为获取 X 射线衍射花样最便捷和最有效的技术。德拜于 1936 年因偶极矩方面的贡献获诺贝尔化学奖。

⑦ 美国化学家鲍林（L. C. Pauling）利用 X 射线衍射技术研究了化学键和复杂分子结构，确定了分子中的原子间距，绘制出分子晶体和蛋白质的结构图形。鲍林于 1954 年获诺贝尔化学奖。

⑧ 英国化学家佩鲁茨（M. F. Perutz）利用重原子技术提高了 X 射线的分辨率，实验解析了血红蛋白的结构。佩鲁茨于 1962 年获诺贝尔化学奖。

⑨ 生物学家沃森（J. D. Watson）、克里克（F. H. C. Crick）、威尔金斯（M. H. F. Wilkins）利用 X 射线衍射方法为 DNA 双螺旋结构模型提供了证据，揭开了分子生物学研究的新篇章，为分子遗传学的发展奠定了基础，三人于 1962 年分享了诺贝尔生理学与医学奖。

我国科学家也对 X 射线研究发展做出过重要贡献，取得了多项重要研究成果，包括 X 射线物理特性的表征、X 射线衍射基本理论的建立、材料 X 射线衍射分析方法的建立等。早期的代表性人物介绍如下。

① 胡刚复　修正了莫塞莱定律，采用布拉格方法精确测定了 25～34 号元素 K 线的临界吸收波长，通过研究电子速度和原子序数关系，提高了原子序数与特征 X 射线波长（或者频率）的关联精度；首次在 X 射线频率范围内测定了光电子速度的空间分布、X 射线散射的空间分布和光谱特性，证实选择性光电效应和选择散射的存在。研究成果促进了对 X 射线谱线类型、X 射线产生机理、原子内层电子结构的理解。

② 吴有训　通过独立而系统地研究变线和不变线❶的强度分布，证实了康普顿效应，即 X 射线光子被电子散射后存在波长变长现象，且只要 X 射线的散射角相同，不同物质的散射效果都一样，变线与不变线（见图 1-3）的偏离与物质成分无关。以 15 种元素作为散射物质（包括单原子气体、双原子气体和晶体等）绘制的 X 射线散射光谱曲线，被称为"吴氏谱"，是康普顿效应经典插图。

③ 陆学善　在我国最早从事 X 射线衍射晶体结构的研究，首创通过测定晶体点阵常数绘制相图中固溶度线的方法，至今仍被广泛采用。陆学善是我国晶体物理学研究的主要创始人之一和 X 射线晶体学研究队伍的主要创建人之一。

---

❶　X 射线被材料散射时原来的一条 X 射线谱会变成两条频率不同的谱线，其中一条谱线的波长不变（称为不变线），另一条波长增加（称为变线），见参考文献 [29] 和 [30]。

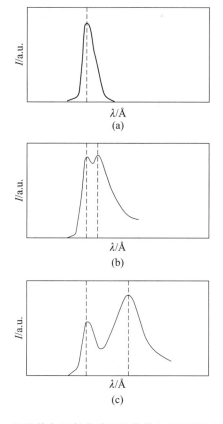

图 1-3　吴氏谱中 X 射线受石墨散射出现变线和不变线：
（a）Mo-K$_\alpha$ 辐射源，受石墨散射（b）45°和（c）90°后的强度（原始数据见参考文献 [29]）

④ 余瑞璜　1929 年研制出我国第一台盖革计数器；创立了 X 射线晶体结构分析的新综合法；研制出我国第一台抽气式 X 光机和我国第一支医用永久性真空 X 光管，被国际晶体学界誉为国际上第一流的晶体学家。

⑤ 黄昆　提出了固体中杂质缺陷引起 X 射线漫散射的理论，被称为"黄散射"。此外，还提出过著名的"黄方程"和"声子极化激元"概念，是世界著名物理学家、我国固体物理学和半导体物理学奠基人之一。

1.3　衍射基本概念

衍射又称为绕射，是指波在传播过程中遇到尺寸与波长相当的障碍物或小孔时，传播方向和强度发生改变的现象。衍射的典型特征是，波不是沿直线传播，而是"无中生有"地出现在了"意想不到"的地方，但其传播方向和强度具有规律性分布特征。荷兰物理学家惠更斯（C. Huyghens）为解释衍射现象，提出了惠更斯原理，后来法国物理学家菲涅耳（A. J. Fresnel）为了解释电磁波的衍射现象，在惠更斯原理的基础上做了补充，形成了惠更斯-菲涅耳原理。惠更斯-菲涅耳原理强调，衍射的发生需要两方面的条件，一是有大量的次波波源产生次波，二是这些次波之间发生相干叠加。显然，衍射是数量庞大的次波相互叠加干涉的结果。就晶体 X 射线衍射而言，如要产生大量次波，首先需要 X 射线与晶体相互作用而发生散射，之后其中的弹性散射波需满足干涉条件，确保有机会发生相干叠加。因此，晶体中发生 X 射线衍射，先后经历了散射和干涉两个过程。图 1-4 给出了散射、干涉和衍射三个过程的示意图，简单解释如下。

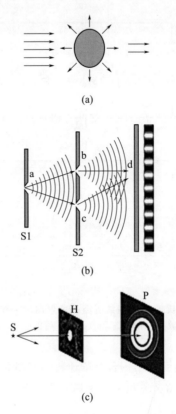

图 1-4　散射（a）、干涉（b）和衍射（c）过程
S—光源；H—小孔；P—接收板；S1，S2—带孔隔板

（1）散射

由于传播介质不均匀造成的入射波传播方向改变的现象，散射分为弹性散射（只有传播方向改变，而能量和频率不变）和非弹性散射（传播方向、能量和频率均发生变化），见图 1-3 中的变线和不变线。

（2）干涉

独立波源的两列或多列相干波在空间相遇时，发生相干叠加，在某些区域始终加强，而在另一些区域则始终削弱，形成稳定的强弱相间规律分布的图像，见图 1-4（b）。波之间干涉的形成要求两列波必须满足三个条件，即频率相同、相位差恒定、振动方向一致。这样的波称为相干波。

（3）衍射

不同于干涉现象，衍射是来自同一波源的入射波遇到尺寸与其波长相仿的几何结构（如障碍物或小孔）发生弹性散射后产生数量庞大的次波，次波之间经干涉作用而形成强度分布不均的花样，见图1-4（c）。可见，衍射是先后经过散射和干涉作用的结果，而衍射花样中的衍射方向和衍射强度携带了"障碍物"结构特征的指纹信息，是材料结构分析和表征的重要依据。

那么，为什么X射线照射晶体能很好地产生衍射现象？

研究发现，当入射波与所遇到的障碍物或小孔的尺寸相当时，才能产生明显的衍射现象。X射线的波长极短，在 $10^{-8} \sim 10^{-12}$ m范围内，又分为硬X射线和软X射线（详见2.2.2节）。当X射线照射晶体，晶体中原子或分子在三维空间上的有序排列可视为光栅，其间距在 10^{-10} m数量级（10^{-10} m＝1Å），与硬X射线波长相当，故二者相互作用能产生最显著的衍射效果。

1.4 教材特点与内容安排

本教材以X射线与材料相互作用而产生的衍射现象及其背后的原理为核心内容，讨论如何运用衍射技术认识不同材料的微观结构（原子、分子或离子在三维空间上的排列方式）以及在不同条件下的变化规律，为有效地认识、理解和设计新材料提供理论和技术依据。本教材集理论性和技术性为一体，关键词是X射线、材料结构与衍射，适于材料类及相关专业的基础课设置。教材编排注重理论性和章节间的逻辑性，以材料学、数学、物理学、化学和力学等相关知识为基础，进而展开X射线性质与特征、材料结构的表示方法、X射线与物质相互作用产生衍射等方面的讨论。其中，X射线衍射的基本原理、方法和应用是本教材的重点内容。据此，本书具体的内容安排介绍如下。

第2章介绍X射线基本物理知识，包括X射线产生、衍射谱基本特征、X射线与物质相互作用等内容。第3章讲述材料微观结构的表达方法，包括晶态和非晶态材料，重点是晶体结构在正空间和倒空间上的表达方法。第4~6章是本书核心内容，讲解衍射基本原理，包括衍射方向、衍射强度和衍射线形。衍射方向重点内容包括劳厄方程、布拉格方程、衍射矢量方程、埃瓦尔德图解等，衍射强度重点讲述消光理论，衍射线形重点介绍干涉函数。第7章介绍X射线衍射技术和方法，了解获取衍射花样的常见技术与几何配置。第8、9章讨论X射线衍射技术在材料分析中的一系列应用。

习题与思考题

1-1 说明X射线衍射相关课程在材料科学与工程专业课程体系中的定位与作用。

1-2 散射、干涉与衍射的区别与联系是什么？

1-3 举例说明 X 射线衍射学在推动人类认识物质微观结构中的作用。

1-4 举例说明 X 射线衍射技术如何推动晶体学发展。

1-5 举例说明我国科学家在 X 射线相关研究中取得的突破性成果。

1-6 为什么晶体结构经 X 射线照射能产生显著的衍射效应？

X 射线的物理学基础

X 射线是进行材料衍射分析的基本要素。本章介绍 X 射线的基本知识，包括 X 射线的产生方式、X 射线的本质与分类、X 光谱与特征 X 射线等。X 射线与物质相互作用所产生的一系列效应，包括弹性（相干）散射、荧光辐射、俄歇效应等。其中，弹性散射是衍射发生的前提和基础。

2.1 X 射线的产生

针对不同的应用场景和需求，X 射线可以通过使用 X 射线管、同步辐射光源、激光等离子体光源和自由电子光源等装置产生。本节主要介绍 X 射线管和同步辐射光源这两种最为常用的 X 射线产生方式，以及相应设备的基本结构和工作原理。

2.1.1 X 射线管

在伦琴实验的基础上，为获得更稳定、更可靠的 X 射线发生装置，纽约通用电气实验室于 1912 年发明了一种新的电子管。通过加热阴极电子源，产生自由电子，在阳极与阴极之间的电场作用下，电子做定向高速运动，无阻碍地轰击水冷金属阳极靶材从而获得 X 射线。该设备称为 X 射线管，由于具有极高的通用性和成本效益，X 射线管作为最简单、最通用的 X 射线源，已经成为了几乎所有现代 X 射线衍射仪的标准 X 射线发生器。

X 射线管的基本工作原理是，高速运动的电子与靶材碰撞时，因为运动受阻失去动能，其中一小部分能量（1%左右）以辐射的形式产生 X 射线。X 射线管中产生的 X 射线又分为连续 X 射线与特征 X 射线，二者产生机理不同，详见 2.3 节。图 2-1 是标准封闭式 X 射线管示意图，它的基本组成包括阴极（钨丝灯）、阳极靶材和 X 射线窗口（铍窗口）三个部分。除此之外，传统的 X 射线管还包含了玻璃真空密封罩、高压绝缘层、电子束准直装置、靶材冷却系统和 X 射线保护罩等辅助部件。

阴极是发射电子的高热灯丝，通常由绕成螺旋状的钨丝制成。当施加一定的电流使其加热到白热状态，便能发射出热电子。这些电子在数万伏特的高压电场作用下，以极高的速度奔向阳极。阴极灯丝外通常会设置聚焦罩，使产生的电子在加速过程中汇聚，实现电子束聚

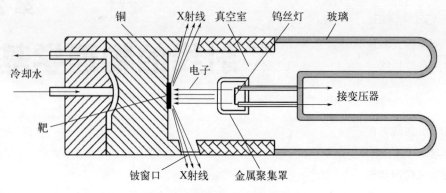

图 2-1　封闭式 X 射线管剖面

焦轰击阳极靶材的目的。阳极主要指接受电子轰击的靶材，是使电子突然减速，产生制动辐射从而形成 X 射线的组件。高速电子束轰击阳极靶材时，大部分能量（约 99％）转换为热能，使得靶材温度急速升高，需要辅以冷却系统对靶材进行散热，以保证其持续正常工作。X 射线仪中常用的阳极靶材有 Cu、Mo、Cr、Fe、Co、Ni、Ag 和 W 等，其中以 Cu 靶最为常见。

电子轰击靶材产生的 X 射线，通过 X 射线管上的窗口沿特定的方向射出。为了保证产生的 X 射线能够最大限度地通过窗口，要求窗口材料要尽可能少地吸收 X 射线，同时要有足够的密封性以保证管内真空度。目前较好的窗口材料是 Be 片或者 Li-Be 玻璃。

标准封闭式 X 射线管虽然设计简单易于实现，但其能量效率较低，且使用寿命有限。尤其是 X 射线强度不高，在进行 X 射线衍射分析时，需要对试样进行长时间辐照，难以显现材料中的某些精细结构，造成成像效率低下。为了提高 X 射线管的功率，获得更高强度的 X 射线，在 19 世纪 60 年代，旋转阳极 X 射线管应运而生。

图 2-2 是旋转阳极 X 射线管的示意图。相对于标准封闭式 X 射线管，其阴极被偏置到与阳极靶材边缘平直的位置，同时让阳极高速转动（2000～10000r/min），使电子束轰击靶材不同位置，让热量在更大面积和更长时间内进行耗散，从而提高 X 射线管的输出功率。目前旋转阳极 X 射线管的功率可达 100kW，极大地提高了 X 射线的强度。

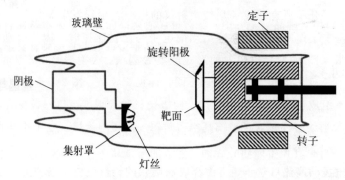

图 2-2　旋转阳极 X 射线管

2.1.2　同步辐射

同步辐射是利用速度接近光速的带电粒子（电子、正电子和离子等）在磁场中沿弧形轨道运动，在其切线方向产生的电磁辐射。该方法可以产生包括 X 射线在内各个波段的电磁辐射。它最初是美国通用电气公司于 1947 年在同步加速器上发现的，被称为同步辐射。除了同步加速器，带电粒子在电子储存环（一种环形粒子加速器）中，不停地以相同动能做圆周运动，也会沿切线方向产生同步辐射。现代同步辐射光源主要源自电子储存环。由于同步辐射具有常规 X 射线所无法比拟的特性，因此以其为基础发展了许多高水平的 X 射线分析技术。主流的第三代同步辐射实验系统主要由直线加速器、同步加速器、电子储存环、光束线和实验站等部分构成。其中，直线加速器、增强器和电子储存环为同步辐射产生装置，光束线和各种实验站为实验终端装置。

同步辐射 X 射线，也称同步辐射光，相比 X 射线管发出的 X 射线具有如下特点。

（1）宽波段

同步辐射光的波长覆盖面大，从远红外一直到硬 X 射线范围内形成高强度的连续光谱。通过平面光栅、晶体单色器以及反射镜等分光设备，能方便地选出特定波长的 X 射线。

（2）高亮度

目前主流的第三代同步辐射源，其亮度比常规 X 射线光源高出 10 个数量级以上，这样高的亮度使得同步辐射光具有高灵敏度、高空间分辨、高时间分辨、高角度分辨以及高能量分辨的特性。

（3）高准直性

与 X 射线管所产生的 X 射线相比，同步辐射光发射角极小，光束几乎是平行的。这一特性使得同步辐射光在远距离处依旧能保持高亮度和极小尺寸的光斑，从而大大提高了测试的灵敏度和分辨率。

（4）高偏振性

从偏转磁铁引出的同步辐射光在带电粒子运动轨道平面内是完全线偏振的，从而可以对材料磁性、旋光分子等进行研究，这是常规 X 射线设备所无法实现的。

（5）窄脉冲

同步辐射光并不是时间连续的光源，而是一种脉冲光，其脉冲宽度在 $10^{-11}\sim10^{-8}\,\mathrm{s}$ 之间，各个脉冲之间的间隔为几十纳秒至微秒量级。其可以针对时间分辨率要求高的动态过程开展研究，如相变动力学、化学反应过程和生物反应过程等。

（6）高纯净性

同步辐射光在超高真空条件中产生（电子储存环真空度为 $10^{-7}\sim10^{-9}\,\mathrm{Pa}$），避免了 X 射线管中如阳极、阴极和窗口等带来的干扰和污染。这样，其光子通量、角分布和能谱等均可精确控制，使之能作为辐射计量，特别是作为真空紫外到 X 射线波段计量的标准光源。

（7）高相干性

目前主流的第三代光源具有高相干性，这使得包括 X 射线全息术、相干 X 射线衍射成像、X 射线相位衬度成像以及 X 射线光子关联谱学等试验技术得以实现或改进。

鉴于同步辐射光的上述特点，利用其开展实验测量具有灵敏度、分辨率、精密度和多样性等优势，大大提高了研究的准确性和深入程度，可达到比常规设备高几个量级的水平。例如，基于同步辐射光源全反射特性研发的晶体截断杆扫描技术，可以获得单晶薄膜表面几个原子层或者几个单胞的晶格常数、重构、吸附和弛豫等信息。同步辐射在某些研究领域代表了当前科学和技术的顶尖水平。该技术已经成为凝聚态物理、材料科学、分子物理、生命科学、化学、医学和地球科学等领域发展的基础，也是应用研究中一种最先进的、不可替代的工具。

2.2 X 射线的性质

2.2.1 X 射线的物理本质

X 射线也称为伦琴射线，它与可见光、红外线和紫外线等物理本质相同，也是一种电磁波，波长在 $0.01\sim100\text{Å}$ 范围内，在电磁波谱中位于紫外线和伽马射线之间（图 2-3）。X 射线的独特之处在于其具有极强的穿透性。1912 年，德国物理学家劳厄首次以 $CuSO_4 \cdot 5H_2O$ 晶体作为光栅，成功地观察到 X 射线的衍射现象，从而揭示了 X 射线的电磁波属性，并测定了其波长。

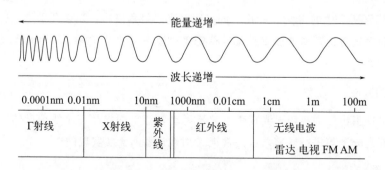

图 2-3　X 射线在电磁波谱中的位置

X 射线作为一种电磁波，与其他电磁波一样具有波动性和粒子性。X 射线的波动性主要体现在其具有衍射、偏振、反射、折射等现象，在空间中总是以一定的波长和频率进行传播，其传播速度与光速相同。X 射线波动性的另一个表现是，其强度与电磁波振幅的平方成正比。

X 射线同样具有粒子性，可将其看成是由大量以光速运动的光子组成的不连续粒子流。X 射线照射到物质时，会与物质中的原子产生相互作用，并进行能量交换，从而产生 X 射线吸收或者散射等现象，如光电效应、荧光效应等均表明了 X 射线具有粒子性。X 射线中每个

光子所具有的能量 E 和动量 p 表达为

$$E = h\nu = \frac{hC}{\lambda} = \frac{12.4}{\lambda}(\text{keV}) \tag{2-1}$$

$$p = \frac{h}{\lambda} \tag{2-2}$$

式中　ν——X 射线频率，Hz；

　　　C——光速，2.998×10^8 m/s；

　　　λ——X 射线波长，Å；

　　　h——普朗克常数，6.626×10^{-34} J·s。

X 射线具有极强的穿透性，能穿过可见光透不过的物质，常用于透射和成像等技术。尤其在材料科学与工程研究中，X 射线由于波长与晶体材料的原子间距相当，会发生衍射现象，已成为分析晶体内部原子排列方式、检测识别物相、测定晶胞参数与应力等研究中最有力的工具之一。

2.2.2　X 射线分类

X 射线按照其波长分为两大类：

① 波长 λ 小于 1Å 的被称为硬 X 射线；

② 波长 λ 大于 1Å 的被称为软 X 射线。

硬 X 射线波长短、能量高、穿透力强，常用于金属探伤等工作。例如，硬 X 射线望远镜利用其强的穿透性能获取太空信息。软 X 射线能量相对较低，对人类危害较小，主要被用于医学成像以及大分子结构（如蛋白质等）的研究。

根据产生原理又将 X 射线分为连续 X 射线和特征 X 射线，二者共同构成 X 射线谱，在 2.3 节中详细讨论这两种 X 射线的产生、特点以及应用。

2.3　X 射线谱

X 射线谱是指 X 射线的强度随波长变化的关系曲线。X 射线的强度是指在单位时间内通过垂直于 X 射线传播方向的单位面积上光子能量的总和，常用单位是 J/(cm^2·s)。X 射线管中产生的 X 射线有两种类型：一种是具有连续波长的 X 射线，另一种是与靶材原子特征相关的具有特定波长的特征 X 射线。图 2-4 是高速电子轰击钨靶获得的 X 射线谱，其中波长连续变化的平滑曲线为连续谱，而叠加在连续谱上，强度较高，半高宽很小的窄型区域为特征谱，又称为标识谱。

2.3.1　连续 X 射线谱

连续 X 射线与可见光（白光）一样具有连续波长，也被称为多色（白色）X 射线。X 射线管中的高速电子轰击阳极靶材，单个电子与靶材发生碰撞时，每次碰撞消耗的能量是随机的。极少数电子经一次碰撞就耗尽了全部能量，而绝大多数电子都要发生多次碰撞，经历不同的碰撞和能量损耗过程，从而产生多次辐射。由于电子的能量耗散方式各不相同，从而产生能量各不相同且连续分布的 X 射线辐射，同时波长不同的 X 射线强度分布不同，故相应的 X 射线谱则体现为连续 X 射线谱，见图 2-4。

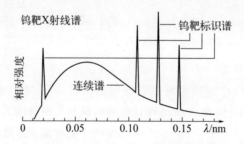

图 2-4　钨靶的连续 X 射线与特征 X 射线对应的波长范围

连续 X 射线谱中，在短波方向存在一极小值，称为短波限 λ_0。这是由于在各种碰撞情况中，电子在一次碰撞中就耗尽了所有能量，从而产生能量最高（波长最短）的 X 射线。假设电子的电荷为 e，X 射线管阴极和阳极间的电压为 U，则电子加速后的能量为 eU。根据能量守恒定律，连续 X 射线谱的短波限满足如下关系

$$eU = h\nu_{max} = \frac{hC}{\lambda_0} \tag{2-3}$$

式中　e——电子电荷，1.6×10^{-19} C；

　　　U——X 射线管电压，kV。

进而得到短波限为

$$\lambda_0 = \frac{hC}{eU} = \frac{12.4}{U} \tag{2-4}$$

式中，λ_0 单位为 Å。式（2-4）表明，短波限只与 X 射线管两极的电压有关，不受其他因素影响。值得注意的是，X 射线谱的强度最大值并不在 λ_0 附近（见图 2-4）。这是因为 X 射线强度（I）是由光子能量 $h\nu$ 和光子数目 n 两个因素决定的，即 $I \propto nh\nu$。尽管在短波限处，光子能量很高，但是只发生一次碰撞的电子数量很少，导致其强度并不高。

在连续 X 射线谱中，随着电压的增大，各种波长 X 射线的相对强度均增高；最高强度 X 射线波长逐渐变短（峰左移）；短波限逐渐变小，即 λ_0 向左移动，波谱整体变宽。图 2-5 给出了高速电子轰击某一阳极靶得到 X 射线谱后，分离出其中的连续 X 射线谱部分。

2.3.2　特征 X 射线谱

对某一靶材，随着管电压达到某个特定值，在 X 射线谱上除了获得连续谱以外，在几个特定波长的位置激发出特征 X 射线，且强度突然显著增大，从而形成连续谱与特征谱相叠加的 X 射线谱。图 2-6 展示了钼靶在不同电压下激发出的特征 X 射线谱。通常将这个产生特征 X 射线谱的临界电压称为激发电压。特征 X 射线与单色光相似，具有特定的波长，也被称为单色 X 射线或单色光。

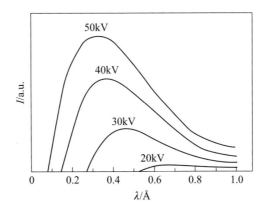

图 2-5　不同管电压对 X 射线连续谱的影响（纵轴辐射强度为任意单位）

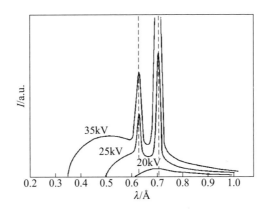

图 2-6　钼阳极管在不同管电压下发射的特征 X 射线谱［强度（I）为任意单位］

特征 X 射线的产生只与管电压和靶材物质的原子序数相关。具体而言，对于不同原子序数的靶材，原子序数越高，其激发电压越大，且特征谱所对应的特征波长越短。与连续 X 射线的不同之处在于，增加管电压，只能增强特征 X 射线的强度，却不能改变其波长。

（1）特征 X 射线谱的产生机理

当 X 射线管中产生的高速电子能量足够大时，靶材内层低能级的电子被击出，在内层电子轨道留下空位。这时，处在外层较高能级的电子便有机会跃迁到内层填补空位，从而发射出具有确定波长的电磁辐射，这种电磁辐射被称为特征 X 射线。由此可见，特征 X 射线谱的产生机理与靶材原子的内部电子能级结构紧密相关。

具体来讲，处于基态的原子，其电子按照泡利不相容原理和能量最低原理分布于不同能级中，如图 2-7 所示。电子能级是不连续的，按能量由低到高，分为 K、L、M 和 N 能级（由内而外排布）。当电子能量足够高，把处于较低能级（例如 K 层）的电子击出，原子处于激发态。为降低体系能量，外层高能级（如 L、M、N 等层）电子会向 K 层跃迁，释放的能量以光子的形式辐射出来，从而形成特征 X 射线。特征 X 射线的能量由电子跃迁前后的能级能量差所决定，故其能量为固定值。改变管电压和管电流只能影响其强度（电子跃迁几率），而不能改变不同电子能级间的能量差。这样一来，特征 X 射线的峰位（波长）不随管电压和管电流而变化。

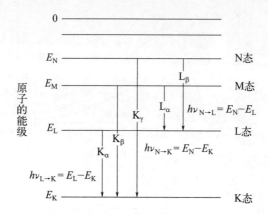

图 2-7　特征 X 射线产生过程的能级跃迁（0 代表真空能级）

（2）激发与辐射

当 K 层电子被击出时，原子处于 K 激发态，其他高能级的电子向 K 层跃迁，发出的 X 射线被称为 K 系辐射。其中，当 K 层空位被 L 层电子所填充时，发出的 X 射线为 K_α 辐射；当 K 层空位被 M 层电子所填充时，发出的 X 射线为 K_β 辐射。L 层电子被轰击出其原有能级，其他高能级电子填充到 L 层时，产生的辐射为 L 系辐射，以此类推。

由电子能级的分布可知，当电子从 M 层跃迁到 K 层，其产生的光子能量大于电子从 L 层跃迁到 K 层所产生的能量，即单个 K_β 辐射光子的能量高于单个 K_α 辐射光子的能量。但是，K_α 辐射的强度却比 K_β 辐射高很多（K_α 辐射强度约为 K_β 辐射强度的 5 倍）。这是因为 K 层与 L 层是相邻能级，当 K 层产生空位时，电子由 L 层跃迁到 K 层的概率远大于从 M 层跃迁到 K 层的概率。于是，K_α 光子的数量要远大于 K_β 光子。而辐射强度（通过电信号转换而测量获得）则正比于 X 光子的数量。

在电子能级分布中，除了 K 层的 2 个电子全位于 1s 轨道、能量完全一样以外，其他壳层的电子分布在能量不同的亚能级上。例如，L 层有 8 个电子，考虑自旋-轨道耦合分为三个精细能级，即 L_1、L_2 和 L_3，根据量子力学理论中的电子跃迁选择定则，L_1 层电子不能向 K 层跃迁。而 L_3 和 L_2 上的 p 电子均有机会向 K 层跃迁（退激），分别产生 $K_{\alpha 1}$ 和 $K_{\alpha 2}$ 辐射，称之为双重线现象。可见，$K_{\alpha 1}$ 和 $K_{\alpha 2}$ 双重辐射的出现与原子能级的精细结构有关，由于亚能级 L_2 和 L_3 存在细微能量差别，$K_{\alpha 1}$ 波长略小于 $K_{\alpha 2}$ 的波长。由于二者差别非常微小，难以分辨，通常统称为 K_α 辐射。考虑到 $K_{\alpha 1}$ 强度是 $K_{\alpha 2}$ 强度的两倍，K_α 波长计算方法是按双重线的强度比例取加权平均值

$$\lambda_{K_\alpha} = \frac{2\lambda_{K_{\alpha 1}} + \lambda_{K_{\alpha 2}}}{3} \tag{2-5}$$

K_α 辐射在 X 射线谱中的强度远高于连续谱，并且波长固定，在实际应用中有着非常突出的优势。在材料的 X 射线衍射分析中，主要利用的就是 X 射线的 K_α 辐射。实验中根据实际

需求选择合适的靶材材质以满足对 K_α 波长的要求。例如，较常用的靶材有铜靶（λ_{K_α} = 1.54Å）和钼靶（λ_{K_α} = 0.7107Å）。那么，不同靶材的 K_α 波长与靶材的哪些物理参数有关呢？这便是莫塞莱定律所回答的问题。

2.4 莫塞莱定律

1913 年，英国物理学家莫塞莱（H. G. J. Moseley）在研究了 38 种不同元素的 X 射线特征谱后，发现同系（如 K 系）特征 X 射线的波长或频率与原子序数之间存在定量关系，这一规律称为莫塞莱定律。具体来讲，频率 ν 的二次方根与该元素的原子序数 Z 成线性关系，即

$$\sqrt{\nu} = C_i(Z - \sigma_i) \tag{2-6}$$

式中，C_i 和 σ_i 是常数，下标 i 取 K、L 和 M 等，分别代表元素的 K、L 和 M 等线系的比例因子和屏蔽因子。对于 K 系，$\sigma = 1$；而对于 L 系，$\sigma = 7.4$。图 2-8 给出了 K 系与 L 系辐射的频率与元素原子序数的关系，分别对应 $C_{K_\alpha} = 0.479 \times 10^8 \, \text{Hz}^{1/2}$ 和 $C_{L_\alpha} = 0.21 \times 10^8 \, \text{Hz}^{1/2}$。

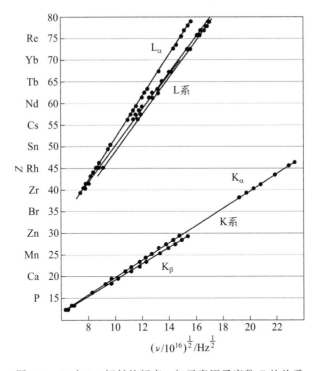

图 2-8 K_α 与 L_α 辐射的频率 ν 与元素原子序数 Z 的关系

莫塞莱定律的发现使得门捷列夫元素周期表有了重大改进，在历史上具有重要意义。基于莫塞莱定律，对不同元素的特征 X 射线频率进行测量，人们找到了化学元素之间的"正确"排列顺序，并将其称为原子序数，解决了先前按原子量大小排序造成的问题。由于原子序数必须为整数，可以确定原子序数相邻的两个元素之间不会再出现新的元素。反之，也能

通过莫塞莱定律判断元素周期表中是否有空缺的元素位置。同理，当测定了某物质的 K_a 特征 X 射线的频率或波长后，基于莫塞莱定律可推断其原子序数。

在材料 X 射线衍射分析中，有时需要通过波长的调节来获得更合适的衍射谱。为了应用某一特定波长的 X 射线，可通过莫塞莱定律确定靶材的原子序数，以选择合适的靶材。例如，当需要波长较大的 K_a X 射线获得衍射谱时，则选择原子序数相对较低的靶材。

2.5 X 射线与物质的相互作用

X 射线与物质相互作用，会产生各种复杂的物理过程。图 2-9 概括了 X 射线与物质相互作用时产生的一系列现象。简单来说，X 射线与物质的相互作用分为三大类：散射、吸收和透射。

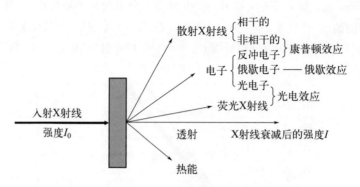

图 2-9　X 射线与物质相互作用过程中诱发的物理现象

2.5.1　散射

X 射线与物质相互作用过程中，原子核的散射能力弱，而电子散射能力强，后者作为主要的散射源，形成相干散射和非相干散射。

（1）相干散射

当 X 射线与物质中紧束缚电子相互作用时，X 射线的交变电场会强迫紧束缚电子做与其频率相同的振动——受迫振动，电子自身成了次生 X 射线的新波源，向空间各个方向辐射与入射 X 射线相同频率的电磁波，这种电磁波被称为散射波（图 2-10）。由于散射线和入射 X 射线的波长和频率一致，相位固定，各散射波之间可以发生干涉，故将这种散射波称为相干散射。

相干散射过程中，入射 X 射线的能量并未损失（波长或频率没有发生变化），只是传播方向发生改变，因而相干散射又被称为弹性散射。相干散射波之间相互干涉，使得散射波在某些方向上相互加强，而在另一些方向上相互减弱或抵消。当大量满足干涉条件的散射波相互作用时，产生衍射现象。基于此，可以说相干散射是材料 X 射线衍射技术的前提与基础，是衍射发生的基本条件。值得注意的是，虽然相干散射本身并不损耗 X 射线的能量，但是改变了 X 射线的传播方向，就入射 X 射线原传播方向而言，经过相干散射后，X 射线的强度会衰减。

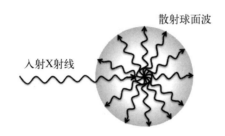

图 2-10　紧束缚电子受迫振动辐射出与入射波同频率的电磁波

（2）非相干散射

除相干散射外，当入射 X 射线碰撞到束缚较弱的外层电子或低原子序数的核外电子和自由电子时，被撞击的电子获得入射 X 射线的部分动能，被撞出原来的轨道，成为反冲电子，伴随电子反冲产生了 X 射线的第二种散射（图 2-11），称为非相干散射，也称为量子散射。在这个过程中，X 射线损失部分能量，波长变长，并偏离原来的传播方向，在与原方向成 2θ 角度的方向继续传播，其散射波的相位与入射波不存在固定关系，不能产生干涉。这种散射被美国物理学家康普顿（A. H. Compton）和我国物理学家吴有训发现，也被称为康普顿散射或康普顿-吴有训散射。

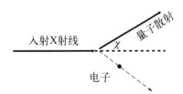

图 2-11　X 射线发生非相干散射

非相干散射线分布在空间各个方向上，其强度很低，大多数情况下都忽略不计。但是在 X 射线衍射图谱中，非相干散射会形成连续背底，为衍射分析带来困难。尤其是对轻元素而言，这种影响更加显著。

2.5.2　吸收

X 射线吸收是指在通过物质时 X 射线能量转变为其他形式的能量，从而伴随入射 X 射线能量损耗的过程。物质对 X 射线的吸收主要转变为热能，而非热能的吸收主要是由原子内部的电子跃迁引起，发生 X 射线的光电效应和俄歇效应。在这个过程中，X 射线部分能量转变为光电子、荧光 X 射线和俄歇电子的能量，进而导致 X 射线的强度衰减。

2.5.2.1　光电效应

当能量足够高的 X 射线光子碰撞物质时，可击出原子内层（如 K 层）电子而产生空穴，当高能级的电子填充该空穴，发生电子跃迁，辐射出电磁波。这种由 X 射线光子激发物质所发生的激发和辐射过程称为光电效应。被击出的电子称为 X 射线光电子，辐射的 X 射线称为次级（或二次）X 射线，也称为荧光 X 射线。

光电效应的激发需要入射 X 射线的能量足够高，必须大于击出某一壳层电子所做的功，才有机会打出该壳层的电子，对应的临界最低能量也称为逸出功。反过来，当某原子 K 系电子受 X 射线激发并产生光电效应时，表现出对 X 射线的强吸收。被 K 系电子吸收的 X 射线的能量需高于某阈值，以光子波长形式表示对 X 射线的限定条件，则是需要其波长不大于某临界波长 $\lambda \leqslant \lambda_K$，$\lambda_K$ 称为该物质的 K 吸收限。同理，不同壳层上的电子对应于不同的吸收限，如 λ_L、λ_M 等。

当入射 X 射线波长满足吸收限要求的激发条件时，会激发不同系的光电效应。基于物质的吸收限特征，在实际衍射分析应用中选择合适的阳极靶材和滤波片。

（1）选择阳极靶

在 X 射线衍射分析中，光电效应产生的荧光 X 射线往往是有害的，它会增加衍射的背底，所以要尽量避免光电效应的发生。为此，入射 X 射线的波长应大于（能量不足以激发荧光辐射）或者远小于（能量差别太大不能吸收）试样的 K 吸收限。考虑到试样对 X 射线的吸收系数会随 X 射线的波长而增加，这样一来，阳极靶的 K_α 波长不应比试样的 K_α 波长大很多。基于上述考虑通常要求阳极靶材与试样的原子序数满足 $Z_{靶} \leqslant Z_{试样} + 1$ 或者 $Z_{靶} \gg Z_{试样}$，以有效地避免光电效应产生的荧光 X 射线。

（2）选择滤波片

X 射线衍射实验是以 K 系特征 X 射线作为辐射源。由于靶材的 K 系特征辐射中包括了 K_α 和 K_β，而实际测量中希望只保留强度较大的 K_α，过滤掉 K_β，以避免两套衍射花样的产生。传统做法之一是，利用物质的 K 吸收限，在 X 射线源与试样之间加放滤波片将 K_β 吸收掉。为此，滤波片材料的选择要求其吸收限位于靶材所产生的 K_α 和 K_β 之间，且尽量靠近 K_α，以便强烈吸收 K_β。进而根据莫塞莱定律，推导出滤波片元素与靶材元素的相对关系。图 2-12 对比了放置 Ni（原子序数 28）滤波片前后 Cu（原子序数 29）靶产生的 X 射线谱，可见放置滤波片能够极大地抑制 K_β 的影响。早期 X 射线衍射结构分析时，最常用的 X 射线单色技术是滤波片法。需要注意的是，随着 K_β 的吸收，滤波片本身同样会产生荧光辐射，从而增加衍射背底。因此，常采用晶体单色器作为另外一种 X 射线单色方法，详见第 7 章。

根据 X 射线荧光辐射的产生原理可知，物质吸收 X 射线后处于激发态，随后辐射出电磁波（去激发过程）的能量仅仅取决于物质中自身原子的电子能级差，也就是物质的荧光光谱反映了其电子结构性质。于是，常据此利用荧光光谱进行试样的元素分析，并已发展为主要的元素分析手段。

2.5.2.2 俄歇效应

入射 X 射线击出 K 层电子后，原子处于 K 激发态，其能量用 E_K 表示。随后 L 层电子跃迁到 K 层空位，此时原子的能量变为 E_L，这个过程中辐射出 X 射线的能量为 $E_K - E_L$。如果该能量不是通过荧光 X 射线的形式来消耗，而是被外层轨道上的电子所吸收，从而脱离原子

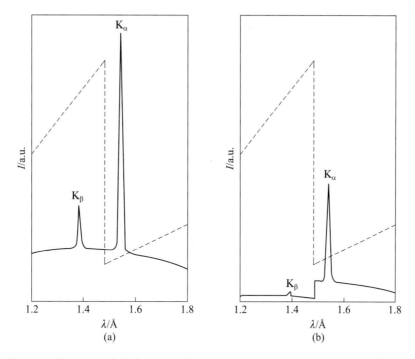

图 2-12 放置 Ni 滤波片前（a）和放置 Ni 滤波片后（b）Cu 靶产生的 X 射线谱

变为二次电子，产生俄歇效应。例如，当 L_2 层电子填充了 K 层空位后，如果 $E_K - E_{L_2} > E_L$，释放出的能量就能使 L_2、L_3、M、N 等层的电子逸出。法国物理学家俄歇（P. V. Auger）于 1925 年发现这种具有特征能量的电子，将其称为俄歇电子。

俄歇电子的能量只取决于物质的电子能级结构，每种元素都有特征俄歇电子能谱，与荧光 X 射线一样，都是元素的固有特征。基于此，也能利用俄歇电子能谱进行元素分析。此外，由于俄歇电子的能量很低，平均自由程短，在经过 2～3 个原子层厚度的距离后俄歇电子能量就会耗尽。利用这一特点，采用俄歇电子能够对材料表面 2～3 个原子层厚度的区域进行试样表面状态分析。

2.5.3 透过与衰减

当 X 射线通过物质时，由于散射和吸收的作用，其透射方向上强度衰减，衰减的程度与在物质中所经过的距离成正比。对于强度为 I_0 的入射 X 射线，照射到厚度为 d 的均匀物质上，设其透过后的强度为 I，如图 2-13 所示，则存在朗伯-比尔（Lambert-Beer）定律描述的如下关系

$$I = I_0 e^{-\mu_1 d} \tag{2-7}$$

式中 μ_1——线吸收系数，cm^{-1}。

从式（2-7）看出，当 X 射线透过物质时，其强度按指数规律迅速衰减。μ_1 可直接通过质量吸收系数获得

$$\mu_1 = \mu_m \rho \tag{2-8}$$

式中 ρ——材料密度，g/cm^3；

μ_m——X射线质量吸收系数，cm^2/g。

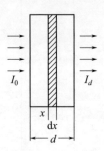

图 2-13 X射线透过物质过程中发生衰减

μ_m 与物质的密度和状态无关，只与物质的原子序数和入射 X 射线波长有关，反映不同物质对 X 射线的吸收程度，其经验关系式为

$$\mu_m \propto \lambda^3 Z^3 \tag{2-9}$$

由式（2-9）可知，物质的原子序数越大，则对 X 射线的吸收能力越强。对一定体积的固体物质，X 射线的波长越短（能量越高），其穿透能力越强，表现为吸收能力的下降。但 μ_m 并非随着波长的降低呈现出连续变化，而是在某些波长处发生突变，出现吸收限，如图 2-14 所示的 λ_K。这是因为在吸收限处，X 射线能量满足了对壳层电子的激发条件，从而引起了二次特征辐射。随着 X 射线光子能量转变为激发电子的能量，其能量被大幅度吸收，从而使得 μ_m 突然增大。经验表明，物质对于连续 X 射线的质量吸收系数，相当于一个有效波长（$1.35\lambda_0$，λ_0 为短波限）对应的质量吸收系数。

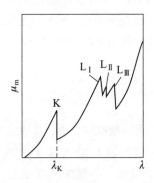

图 2-14 质量吸收系数 μ_m 与波长 λ 关系（λ_K 为 K 吸收限）

对于含有多个元素的材料，其质量吸收系数 μ_m 仅仅是其组成元素和相对含量的函数，表达为

$$\mu_m = \sum_{i=1}^{N} (\mu_l/\rho)_i w_i \tag{2-10}$$

式中 $(\mu_l/\rho)_i$——第 i 种元素的质量吸收系数，cm^2/g；

w_i——元素 i 的质量分数。

式（2-10）为计算多组元化合物的质量吸收系数提供了理论依据。例如，计算 NaI 对 Cu-K_α（$\lambda_{K_\alpha}=1.54\text{Å}$）的质量吸收系数。经查 Na 和 I 的 μ_m 值分别为 $22.99\text{cm}^2/\text{g}$ 和 $126.9\text{cm}^2/\text{g}$，二者的质量分数为 8.96% 和 91.04%。于是，NaI 对 Cu-K_α 的质量吸收系数为

$$22.99\times0.0896+126.9\times0.9104=117.6(\text{cm}^2/\text{g})$$

2.6 X 射线的安全与防护

过量的 X 射线会对人体产生有害影响。X 射线能引起辐射损伤，局部的高强度光束照射（如同步辐射所产生的高能 X 射线束）能引起烧伤。X 射线肉眼不可见，普通的 X 射线照射也不会引起人的任何感觉，所以直接暴露在 X 射线的传播路径中要特别警惕，预防因麻痹大意而导致的过大剂量照射。做好 X 射线防护的前提是，对 X 射线的剂量进行探测。目前主要的探测手段分为荧光屏法、照相法和辐射探测器法三种。

荧光屏法主要适用于强的直射 X 射线光束，荧光屏材料吸收 X 射线，会发出强的黄色或紫色可见光，从而实现 X 射线的探测。在大多数情况下，人们对直射 X 射线的防护都比较重视，不宜直接暴露在直射 X 射线中；而对于散射线，因其强度太弱，一般不能用荧光屏观测，所以只能用照相法和辐射探测器法进行测量。照相法采用相机底片探测 X 射线，与探测可见光的原理和方法相同。

辐射探测器法是目前最便捷有效的 X 射线探测方法。X 射线会对气体和某些固态物质产生电离作用，可据此检查 X 射线的存在与否并测量其强度。按照这种原理制成探测 X 射线的仪器电离室和各种计数器。目前使用的 X 射线探测器有盖格计数管、正比计数管、闪烁计数器、半导体探测器和位置灵敏探测器等。通过使用探测器，测定实验环境中的 X 射线剂量，从而更为有效和有针对性地做好 X 射线防护。

实验室 X 射线设备多数以 Cu 靶作为 X 射线源，根据衰减规律，在设备运行时，用铅板将其与实验人员隔离，能有效地吸收散射线，从而达到有效防护的目的。

习题与思考题

2-1　X 射线的粒子性和波动性分别由什么实验现象证实？

2-2　特征 X 射线的产生原理是什么？特征 X 射线 K_α 与 K_β 的区别是什么？

2-3　材料的 X 射线衍射实验，通常选用 K_α 辐射而不用 K_β 辐射，为什么？

2-4　Cu 能否对 Cu-K_α 辐射产生真吸收？为什么？

2-5　X 射线管电流和电压对靶材特征 X 射线谱的波长是否有影响？

2-6　用 Mo-K_α 辐射能否激发 Mo 的 K 系荧光 X 射线？

2-7　说明莫塞莱定律在材料 X 射线衍射研究中的作用和意义。

2-8　Q 元素和 R 元素的 K_α 特征 X 射线波长分别为 0.0190nm 和 0.0196nm，哪一种元素的原子序数大？说明理由。

2-9　X 射线与物质之间可发生哪些交互作用？

2-10　为什么说弹性散射是衍射的基础？说明弹性散射在 X 射线衍射分析中的作用。

2-11　什么是俄歇效应？用俄歇电子能谱可以做哪些类型的材料分析？

2-12　说明荧光辐射的产生机理与其应用。

2-13　材料化学成分的 X 射线荧光光谱分析的基本原理是什么？

2-14　为什么会出现吸收限？有何应用？

2-15　X 射线衍射仪采用铅屏防护的原理是什么？

2-16　比较金属间化合物 Ti_3Al 与 Ti/Al（摩尔比）＝3：1 的 Ti-Al 机械混合物对 X 射线的质量吸收系数大小，并说明理由。

2-17　X 射线衍射实验中用于防护的铅屏，厚度至少为 1mm。试计算这种铅屏对 Cu-K_α、Mo-K_α 的透射因数（$I_{透射}/I_{入射}$）（铅对 Cu 和 Mo 的线吸收系数分别为 2733cm^{-1} 和 1599cm^{-1}）。

第 3 章

材料晶体结构概述

　　围绕材料结构调控来改良材料性能并指导新材料研发，是材料科学与工程学科研究的核心内容之一。为了更好地理解材料结构与 X 射线之间的作用规律，本章将简要介绍材料晶体结构相关的理论。根据原子排布方式的不同，固态物质可划分为晶态和非晶态。本章将介绍晶态、非晶态材料在正空间和倒空间的结构描述方式，为后续理解 X 射线衍射基本原理和物理本质做好铺垫。本章的难点是倒空间中的结构表征和分析方法，重点在于理解倒易变换引入的重要性、科学性和必要性。

3.1 晶体结构的正空间表达与分类

3.1.1 晶体结构与空间点阵

　　晶体结构的几何特征是其结构基元（原子、离子、分子或其他原子集团）按一定周期规则排列。在进行晶体结构分析时，通常将结构基元等效为一个几何点，而不考虑实际物质内容，从而将晶体结构抽象为一组周期性排列的无限多个几何点。这种从晶体结构抽象出来、描述其结构基元周期性空间排列方式的几何点分布，构成晶体的空间点阵。简单来讲，空间点阵是一种表示晶体内部结构基元排列规律的几何图形。其中，表征空间位置的几何点称为阵点，又称为点阵点；描述晶体结构的阵点按照一定排列规律构成的空间格架，称为晶格。

　　如上所述，晶体点阵结构中每个阵点所代表的具体内容，包括原子或分子的种类和数量，称为晶体的结构基元。阵点是在忽略结构基元具体内容的基础上，抽象出的空间几何位置点；而点阵则描述了这些阵点在空间的重复排列方式。可见，晶体的结构基元也就是指晶体结构重复周期中的具体内容。如果在晶体点阵中各阵点位置上，按特定方式安置结构基元，就得到了整个晶体结构。相应地，晶体结构简述为：

$$晶体结构＝结构基元＋点阵$$

3.1.2 晶胞与基本矢量

　　如图 3-1（a）所示，某一个阵点在空间三个方向上，沿矢量 $\vec{a}$、$\vec{b}$、$\vec{c}$ 重复出现即可建立空间点阵。周期重复的矢量 $\vec{a}$、$\vec{b}$、$\vec{c}$ 称为该点阵的基本矢量。由基本矢量构成的平行六面体称为该点阵的单位晶胞。点阵常数是指单位晶胞的三个棱长 a、b、c 和夹角 α、β、γ，又称为点阵参数或晶胞参数，见图 3-1（b）。点阵常数决定了单位晶胞的尺寸和形状。不同材料体系的晶胞参数差别非常大，例如金属和无机非金属材料的晶胞参数在几埃的尺寸范围内，而病毒蛋白等大分子材料的晶胞参数可高达几十埃，甚至更大。

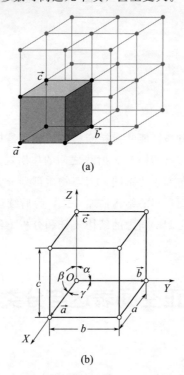

（a）

（b）

图 3-1　空间点阵与单位晶胞（a）和晶胞参数（b）

同一个点阵可以由不同的平行六面体晶胞表述，表观上可人为地选择不同的坐标系基本矢量表达同一个点阵。但实际研究中，选择最理想、最适当的基本矢量作为坐标系统。为此，需同时满足如下几点：

① 基本矢量长度相等的数目最多；

② 基本矢量之间夹角为直角的数目最多；

③ 晶胞体积最小。

满足上述条件的基本矢量构成的晶胞称为布拉维（Bravais）晶胞。由以上限定条件可知，点阵最理想的晶胞具有唯一性，即布拉维晶胞。

3.1.3　布拉维晶胞

布拉维晶胞最早由法国晶体学家布拉维（A. Bravais）提出。研究表明，按照上述三原则选取的晶胞只有 14 种，称为 14 种布拉维晶格或者布拉维点阵（见图 3-2）。根据点阵常数的特点，将 14 种空间点阵划分为 7 个晶系，即立方、四方（也称正方）、斜方（也称正交）、三方（也称菱方）、六方、单斜、三斜系。表 3-1 展示了 7 个晶系与 14 种空间点阵的对应关系。按照晶胞中阵点位置的不同，又可将 14 种布拉维晶体点阵分为四类（见图 3-3），即简单（P）、体心（I）、面心（F）、底心（C）。

晶系	布拉维晶格			
	简单(P)	底心(C)	体心(I)	面心(F)
三斜晶系	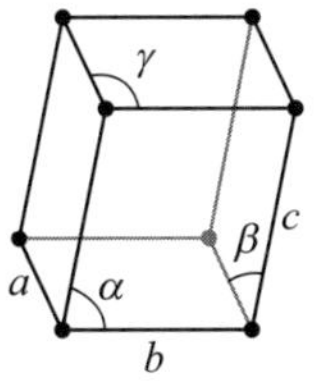			
单斜晶系	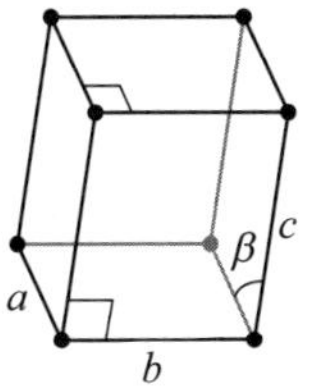	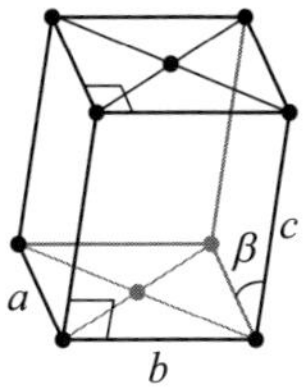		
斜方晶系	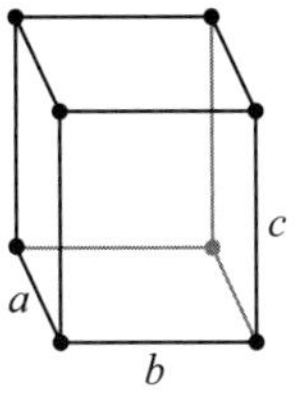	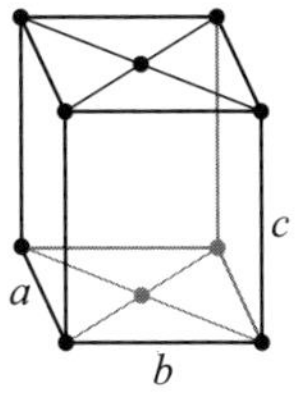	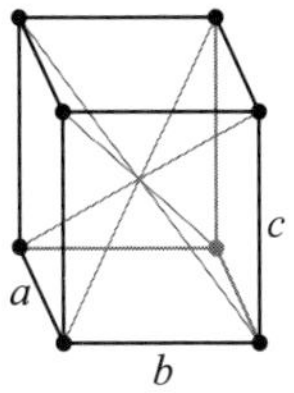	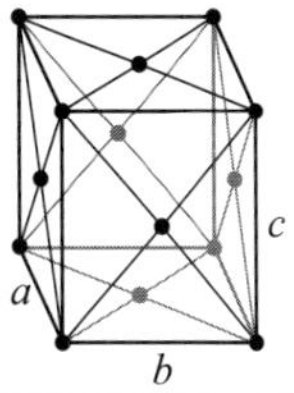
四方晶系	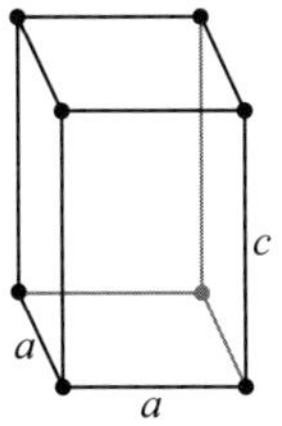		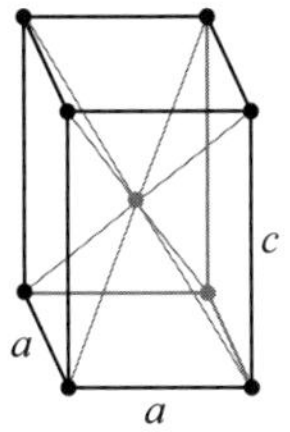	
三方晶系	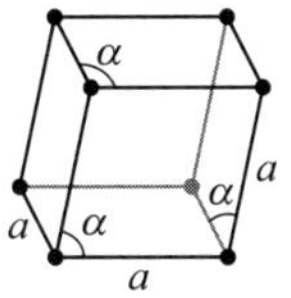			
六方晶系	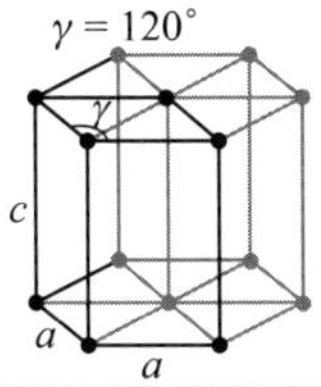			
立方晶系	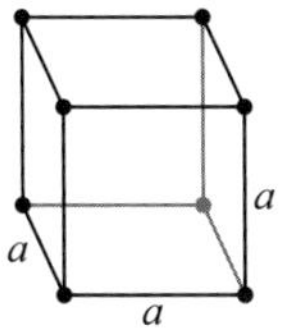	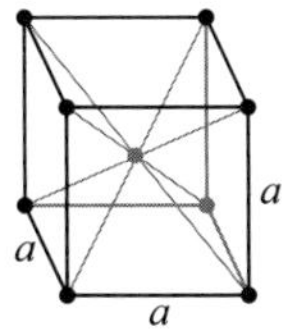		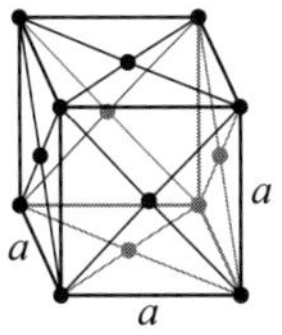

图 3-2　14 种空间点阵形式及其与 7 个晶系的对应关系

表 3-1　晶系基本特征与点阵形式的对应关系

晶系	特征对称元素	晶胞特点	空间点阵形式
立方	四个按立方体对角线取向的三重旋转轴	$a=b=c$ $\alpha=\beta=\gamma=90°$	简单立方
			立方体心
			立方面心
六方	六重对称轴	$a=b\neq c$ $\alpha=\beta=90°,\ \gamma=120°$	简单六方
四方	四重对称轴	$a=b\neq c$ $\alpha=\beta=\gamma=90°$	简单四方
			体心四方
三方	三重对称轴	$a=b=c$ $\alpha=\beta=\gamma\neq90°$	简单六方
			R 心六方
正交	两个互相垂直的对称面或三个互相垂直的二重对称轴	$a\neq b\neq c$ $\alpha=\beta=\gamma=90°$	简单正交
			C 心正交
			体心正交
			面心正交
单斜	二重对称轴或对称面	$a\neq b\neq c$ $\alpha=\beta=90°\neq\gamma$	简单单斜
			C 心单斜
三斜	无	$a\neq b\neq c$ $a\neq b\neq c\neq90°$	简单单斜

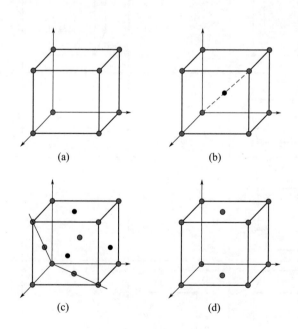

图 3-3　不同类型的点阵
（a）简单；（b）体心；（c）面心；（d）底心

点阵中阵点坐标的表示方式，通常以晶胞的任一顶点为坐标原点，以与原点相交的三个棱边为坐标轴，分别用晶胞参数 a、b、c 为度量单位来确定各个原子的分数坐标数值，如 $\left(\frac{1}{2}, \frac{1}{2}, \frac{1}{2}\right)$ ❶。

布拉维晶胞所包含原子数的统计，一般需考虑相邻晶胞间原子的共用情况。例如，顶点原子被 8 个晶胞共用，属于某一晶胞的份额为 1/8，故乘以 1/8；以此来推算，棱上原子则乘以 1/4；面上原子则乘以 1/2；只有晶胞内部的原子不与其他晶胞共用，故乘以 1。由此可知：

① 简单点阵（P），只在晶胞的顶点处有阵点，每个晶胞的阵点计数为 1/8×8＝1，即只有一个阵点，坐标为 (0,0,0)；

② 体心点阵（I），除 8 个顶点外，体心处还有一个阵点，故每个体心晶胞有 2 个阵点，坐标分别为 (0,0,0) 和 $\left(\frac{1}{2}, \frac{1}{2}, \frac{1}{2}\right)$；

③ 面心点阵（F），除 8 个顶点外，每个面心处有一个阵点，共有 4 个阵点，坐标分别为 (0,0,0)、$\left(\frac{1}{2}, \frac{1}{2}, 0\right)$、$\left(\frac{1}{2}, 0, \frac{1}{2}\right)$ 和 $\left(0, \frac{1}{2}, \frac{1}{2}\right)$；

④ 底心点阵（C），除 8 个顶点处有阵点外，两个相对的面心处有阵点，因而每个底心晶胞有 2 个阵点，坐标为 (0,0,0) 和 $\left(\frac{1}{2}, \frac{1}{2}, 0\right)$。

此外，为了更精确地描述晶体结构，需要一种方式来表示晶体中的原子平面和原子方向，即晶面和晶向（详见 3.2 节和 3.3 节）。

3.2 晶面的标定与属性

根据晶体 X 射线衍射原理，将晶体与 X 射线之间相互作用产生的衍射现象视为晶面对 X 射线的"反射"结果（具体内容见第 4 章）。可以说，晶面是联系晶体特征与 X 射线衍射谱的桥梁和纽带。那么，什么是晶面？

点阵中由阵点构成的平面称为晶面，又称为点阵面。晶面具有两个基本属性，即晶面间距和晶面取向（或称晶面方向）。晶面的划分方式有多种，不同划法确定的晶面，其晶面间距或方向各不相同，且阵点密度可能存在差异，意味着原子堆垛密度有所差异。需要说明的是，每种划法都涵盖所有的阵点，即点阵中任一阵点都属于所有的晶面。

3.2.1 晶面指数

英国晶体学家密勒（W. H. Miller）于 1839 年创立了用三个数字表示晶面属性的晶面指数，也称密勒指数 (hkl)。对一个晶面进行指数化标定的过程称为指标化，其标定方法如下：

① 在一组相互平行的晶面中任选一个晶面，量出它在三个坐标轴上的截距，并用晶胞参数 a、b、c 作为三个方向的长度度量单位，获得截距分别为 r、s、t；

---

❶ 晶胞中原子坐标写法无统一标准，本教材写法参照文献［35］中 (x,y,z) 的形式。

② 取三个截距的倒数 $1/r$、$1/s$、$1/t$；

③ 将这些倒数乘以分母的最小公倍数，变为三个简单整数 h、k、l，使得 $h:k:l=1/r:1/s:1/t$，并用圆弧括号括起来，最终得到该晶面的密勒指数为 (hkl)。

密勒指数有如下几个特征：

① 所有相互平行的晶面，其晶面指数相同。因此，晶面指数所代表的不是某一个晶面，而是一组相互平行的晶面；

② 晶面指数中的 h、k、l 是互质的整数；

③ 最靠近原点的晶面与 X、Y、Z 坐标轴的截距分别为 a/h、b/k、c/l。这样，晶面指数和坐标轴截距之间可以互相转换，已知截距能计算出晶面指数。同理，已知密勒指数，能够确定最靠近原点的晶面在三个坐标轴上的截距。

接下来以立方晶系为例，介绍常见的几组晶面及其密勒指数。立方晶系的 (100) 晶面与 $\vec{a}$ 轴相截，与 $\vec{b}$ 和 $\vec{c}$ 轴平行；(110) 晶面与 $\vec{a}$ 和 $\vec{b}$ 轴相截，与 $\vec{c}$ 轴平行；(111) 晶面则与 $\vec{a}$、$\vec{b}$、$\vec{c}$ 三个晶轴相截，三个截距之比为 $1:1:1$，见图 3-4。

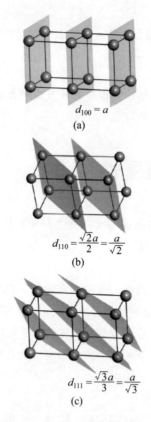

$$d_{100}=a$$
(a)

$$d_{110}=\frac{\sqrt{2}a}{2}=\frac{a}{\sqrt{2}}$$
(b)

$$d_{111}=\frac{\sqrt{3}a}{3}=\frac{a}{\sqrt{3}}$$
(c)

图 3-4 立方晶系的晶面 (100)(a)、(110)(b) 和 (111)(c) 及对应的面间距计算公式

3.2.2　晶面间距

晶体 X 射线的衍射分析围绕晶面指数与晶面间距展开讨论。晶面间距表示一组平行晶面中两个相邻晶面间的垂直距离。例如，(hkl) 代表一组相互平行的晶面，任意两个相邻晶面

的面间距都相等，用 d_{hkl} 表示。

任一晶面间距与晶面指数和晶胞参数之间存在明确关系。以下分别介绍立方、正交和六方晶系的晶面间距计算公式。

简单立方：
$$d_{hkl} = \frac{a}{\sqrt{h^2 + k^2 + l^2}}$$
(3-1)

正交晶系：
$$d_{hkl} = \frac{1}{\sqrt{\left(\frac{h}{a}\right)^2 + \left(\frac{k}{b}\right)^2 + \left(\frac{l}{c}\right)^2}}$$
(3-2)

六方晶系：
$$d_{hkl} = \frac{1}{\sqrt{4\left(\frac{h^2 + k^2 + hk}{3a^2}\right) + \frac{l^2}{c^2}}}$$
(3-3)

由晶面间距定义可知，晶面指数越高，即 h、k、l 越大，面间距 d_{hkl} 越小，晶面上阵点密度越小。反之，晶面指数越低，面间距 d_{hkl} 越大，晶面上阵点密度越大，见图 3-4。

3.2.3 晶面族

同一晶体点阵的若干组平行晶面，可通过一定的对称变换而重复出现，称为等同晶面。它们的晶面间距和晶面阵点分布完全相同。这些空间位向不同而性质完全相同的晶面集合，称为晶面族，用 $\{hkl\}$ 表示。

例如，立方晶系中 $\{100\}$ 晶面族包括六个晶面，即（100）、（010）、（001）、（$\overline{1}$00）、（0$\overline{1}$0）、（00$\overline{1}$）。但在其他晶系中，晶面指数位置互换的晶面不一定属于同一晶面族。例如，四方晶系中 $a = b \neq c$，$\{100\}$ 晶面族分为两组：一组包含（100）、（010）、（$\overline{1}$00）、（1$\overline{1}$0）晶面；另一组则包含（001）和（00$\overline{1}$）晶面。

那么一个衍射图谱"携带"的最直接信息是什么呢？按照晶体的 X 射线衍射原理可知是晶面信息，包括晶面间距与晶面方向。数值相同的晶面间距，可能对应于不同的晶面指数。但它们属于同一晶面族，相互之间通过旋转、平移等对称性操作而重合，在 X 射线粉末多晶衍射分析中，这些等同晶面贡献到相同的衍射角上。由于不同晶面族所包含等同晶面的数目多少会在一定程度上影响衍射效果，为此引入多重性因数，具体内容将在第 5 章介绍。

3.2.4 六方晶系的晶面指数

六方晶系沿 $\vec{c}$ 轴存在六次对称轴，平行于 $\vec{c}$ 轴的六个棱柱面为等同晶面。若采用三指数方式的密勒指数（hkl）标定棱柱面，应记为（100）、（010）、（$\overline{1}$10）、（$\overline{1}$00）、（0$\overline{1}$0）和（1$\overline{1}$0）。可见，采用密勒指数法无法通过指数的位置互换，来体现六个棱柱晶面之间的等同性。

为了解决上述问题，采用密勒-布拉维指数标定六方晶系的晶面指数为（$hkil$），相应的晶面族指数则记为 $\{hkil\}$。四指数方式是在六方晶系的三基矢 $\vec{a_1}$、$\vec{a_2}$ 和 $\vec{c}$ 构成的坐标系中加入一个新坐标轴 $\vec{a_3}$，且要求满足关系 $\vec{a_3} = -(\vec{a_1} + \vec{a_2})$，见图 3-5。由新坐标系中 $\vec{a_1}$、$\vec{a_2}$、$\vec{a_3}$ 和 $\vec{c}$ 轴确定六个棱柱面的密勒-布拉维指数为（10$\overline{1}$0）、（01$\overline{1}$0）、（$\overline{1}$100）、（$\overline{1}$010）、（0$\overline{1}$10）和

（$1\bar{1}00$）。可见，采用四指数方式的密勒-布拉维指数时，等同的棱柱晶面指数之间呈现出相同数值间的排列组合关系，统一记为 $\{10\bar{1}0\}$ 晶面族。

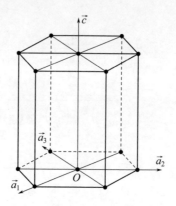

图 3-5 六方晶系的晶胞和四基矢表示方式

此外，六方晶系的晶面密勒指数（hkl）和密勒-布拉维指数（$hkil$）之间能够方便地进行互相转换。这是因为密勒-布拉维指数中的第三个指数满足关系 $i=-(h+k)$。如果已知指数 h 和 k 的取值，便能根据上述关系确定指数 i 的取值。因而，六方晶系密勒-布拉维指数（$hkil$），也记为（$hk \cdot l$）。

3.3 晶向和晶带

3.3.1 晶向和晶向指数

点阵中穿过若干阵点的直线方向称为晶向，通常用晶向指数 $[uvw]$ 表示。类比晶面指数的确定方法，晶向指数的确定步骤如下：

① 过原点作平行于该晶向的直线；

② 求出该直线上任一点的坐标（以晶胞参数 a、b、c 为单位）；

③ 把这三个坐标值约化为最小整数比，如 $u:v:w$；

④ 将所得指数用方括号括起来，以 $[uvw]$ 表示该晶向。

根据晶向指数的确定方法，平行于 $\vec{a}$、$\vec{b}$ 和 $\vec{c}$ 轴的晶向指数分别为 $[100]$、$[010]$ 和 $[001]$。当某一指数为负值时，则在该指数上加一横线，如 $[\bar{u}vw]$。注意，虽然 $[100]$ 和 $[\bar{1}00]$ 相互平行，但是二者指向相反的方向，不属于相同的晶向。

3.3.2 晶向族

晶面族的概念在 3.2 节中介绍过，是指由对称性联系在一起的，虽空间位向不同但性质完全等同的一系列晶面的集合，用 $\{hkl\}$ 表示。晶向族则是指由对称性联系的一系列等同晶向，用 $\langle uvw \rangle$ 表示。例如，立方晶系中各棱边都属于 $\langle 100 \rangle$ 晶向族，它包括如下晶向：

[100]、[010]、[001]、[$\bar{1}$00]、[0$\bar{1}$0]、[00$\bar{1}$]。需要提及的是，正交晶系中各棱边对应的晶胞参数不同，通过对称操作不能重复，故不同棱边对应的晶向并不等同，不属于同一晶向族。

六方晶系的晶面指数和晶向指数，通常采用四轴坐标系统，分别表示为 $(hkil)$ 和 $[UVTW]$。四轴指数和三轴坐标指数存在如下转换关系：

$$i = -(h+k); U = 2u-v; V = 2v-u;$$
$$T = -(u+v) = -(U+V); W = 3w$$

3.3.3 晶带和晶带轴

两个不平行的晶面会相交于一个晶棱，当晶棱之间彼此平行时，对应的所有晶面集合则构成一个晶带，晶带中的每个晶面称为晶带面。在晶体结构或空间点阵中，与某一晶向平行的所有晶面属于同一个晶带。同一晶带中所有晶面的交线之间互相平行，其中通过坐标原点的那条直线称为晶带轴。晶带轴的晶向指数即为该晶带的指数，表示为 $[uvw]$。例如，立方晶体中 (100)、(210)、(110) 和 (220) 等多组晶面同时与 [001] 晶向平行，这些晶面构成了一个以 [001] 为晶带轴的晶带。

根据晶带定义，同一晶带中所有晶面的法线都与晶带轴垂直。凡是属于 $[uvw]$ 晶带的晶面，其晶面指数 (hkl) 都必须满足

$$uh + vk + wl = 0 \tag{3-4}$$

这个关系式称为晶带定律。

晶带定律的应用非常广泛，包括：

① 判断某一晶向是否在某一晶面上或平行于该晶面；

② 若已知晶带轴，判断哪些晶面属于该晶带轴；

③ 若已知两个晶带面分别为 $(h_1k_1l_1)$ 和 $(h_2k_2l_2)$，则根据晶带定律描述的晶面和晶带轴关系，通过联立方程组 $uh_1 + vk_1 + wl_1 = 0$ 和 $uh_2 + vk_2 + wl_2 = 0$，求出晶带轴为 $[uvw]$。

需要补充说明的是，晶体是一个封闭的几何多面体，每一个晶面与其他晶面相交时，必有两个以上互不平行的晶向。因而，每一个晶面至少属于两个晶带，而每一个晶带至少包括两个互不平行的晶面。任何两个晶带轴相交所形成的平面，也必定是晶体中的一个晶面。

3.4 晶体结构的倒空间表述

3.4.1 引入倒易变换和倒易点阵的必要性

图 3-6 展示了 X 射线经过一个单晶试样形成衍射的示意图。晶体的 X 射线衍射，表观上可视为 X 射线通过晶体格栅后经干涉作用形成的多条衍射线。若在衍射光路上放置一个接收屏，则每条衍射线与接收屏相交并获得一个衍射斑点。根据衍射原理（相关介绍见第 4 章），三维晶体中的衍射均产生于"晶面"，衍射花样中每一个衍射斑点，与晶体中的某一组平行晶

面相对应。显然，为了深入理解衍射的形成机理和衍射谱的本质，需解决"衍射斑点"和"平行晶面"之间的对应性问题。

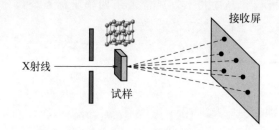

图 3-6　X 射线与单晶试样相互作用后呈现衍射花样
（X 射线通过晶体格栅后经干涉作用形成多条衍射线，
并在接收屏上形成衍射斑点）

德国物理学家埃瓦尔德提出，对正空间晶体结构的倒易变换，可得到描述晶体结构的另一种方式，能帮助理解"衍射斑点"和"平行晶面"之间的对应关系。经倒易变换，正空间中的每组平行晶面变为一个点，称为倒易点。多个倒易点构成了描述晶体结构的另一种点阵形式，即倒易点阵。倒易变换的数学本质是傅里叶变换，变换后的点阵是波矢空间上的函数（详见 3.4.5 节）。倒易变换的科学性已得到验证（详见 3.4.6 节）。

引入倒易变换和倒易点阵，不仅形象地解释了 X 射线经晶体产生衍射这一物理现象，也回答了衍射斑点的物理本质这一核心问题。二者作为 X 射线衍射中极为重要的概念，帮助简化了衍射数据的分析和处理。本节将重点围绕倒易变换怎么变、变什么、有什么用和变换的科学性等问题展开全面讨论。

3.4.2　倒易点阵和倒空间

倒易点阵是在晶体原子点阵基础上，按照一定的对应关系，通过倒易变换而建立起来的空间几何图形，是晶体点阵的另一种表达形式。一般将晶体原子点阵的空间称为正空间或实空间，倒易点阵所在空间则称为倒易空间或倒空间。倒易空间中的阵点称为倒易点或倒易阵点。同理，倒易空间的原点称为倒易原点。由倒易原点和倒易点构成的矢量称为倒易矢量。

仅从数学上讲，正空间原点和倒空间原点之间没有关联性。而一旦晶体与 X 射线相互作用，正空间原点与倒空间原点则存在特定的位置关系。如图 3-7 所示，以晶体所在位置为中心，以入射光波长的倒数 $1/\lambda$ 为半径形成反射球（也称为埃瓦尔德球，详见 4.5 节），其中 λ 为入射 X 射线的波长。入射 X 射线经球心沿直线穿出反射球，其与球面的交点位置定义为倒易原点，并围绕倒易原点扩展出整个倒易空间。

综上所述，任何一个晶体结构能用两套晶格描述，分属于正空间与倒空间。采用不同技术能够在正、倒空间中捕获正点阵和倒易点阵的截面影像。如图 3-8 所示，高分辨技术捕获了正空间中原子放大像，而衍射技术则在倒空间中捕获了衍射花样，后者可理解为围绕倒易点的信号放大像❶。其中，倒易点阵中倒易原点和倒易点连线构成了倒易矢量，其取向和长

---

❶　严格来讲，是围绕倒易点附近区域内的选择反射区或倒易畴。

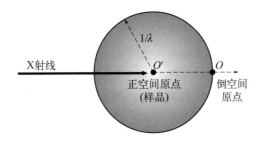

图 3-7　X 射线与试样作用时，正空间原点和倒空间原点的相对位置关系
（正空间原点由试样所在位置确定，而倒空间原点为入射 X 射线经过
正空间原点后穿出半径为 $1/\lambda$ 的埃瓦尔德球的球面交点位置）

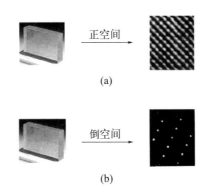

图 3-8　晶体材料结构在正空间和倒空间中观测到的图像
（a）高分辨像；（b）衍射花样中的衍射斑点

度分别代表了一组平行晶面的法线方向和晶面间距。衍射技术正是巧妙地通过采集并记录倒空间中倒易点信息来分析表征晶体结构。可见，正空间点阵和倒空间点阵均能表述晶体结构，二者通过变换后所表征的晶体结构具有对应性。在后续章节中将介绍二者之间的变换关系，以及倒易变换的本质和科学意义。

3.4.3　倒易点阵与正点阵的变换

正空间（也称实空间）晶体点阵由基矢 $\vec{a}$、$\vec{b}$ 和 $\vec{c}$ 表述，基矢之间的夹角为 α、β 和 γ。相应地，倒易点阵由倒空间基矢 $\vec{a}^*$、$\vec{b}^*$ 和 $\vec{c}^*$ 以及倒易夹角 α^*、β^* 和 γ^* 描述。两套参数之间存在如下关系

$$\vec{a}^* = \frac{\vec{b} \times \vec{c}}{V_0}, \qquad \vec{b}^* = \frac{\vec{c} \times \vec{a}}{V_0}, \qquad \vec{c}^* = \frac{\vec{a} \times \vec{b}}{V_0} \qquad (3\text{-}5)$$

式中　V_0——正空间中的晶胞体积。

$$V_0 = \vec{a} \cdot (\vec{b} \times \vec{c}) = \vec{b} \cdot (\vec{c} \times \vec{a}) = \vec{c} \cdot (\vec{a} \times \vec{b}) \qquad (3\text{-}6)$$

由式（3-5）和式（3-6）可知，正空间和倒空间点阵基矢之间存在如下倒易变换关系

$$\vec{a_i} \cdot \vec{a_j^*} = \begin{cases} 1, \text{当 } i=j \\ 0, \text{当 } i \neq j \end{cases} \quad (i,j=1,2,3) \tag{3-7}$$

即实、倒点阵的异名基矢点乘为 0，同名基矢点乘为 1。这里 a_1、a_2、a_3 分别代指 $\vec{a}$、$\vec{b}$、$\vec{c}$ 的基矢。基于式（3-5）和式（3-7）可知，正空间和倒空间中点阵基矢关系如下：

① 正空间基矢和倒空间基矢存在特定的取向关系，即倒空间基矢垂直于正点阵中与其异名的二基矢所组成的平面。也就是说，$\vec{a^*}$ 垂直于 $\vec{b}$ 和 $\vec{c}$ 两个矢量组成的平面；同理，$\vec{b^*}$（或 $\vec{c^*}$）垂直于 $\vec{a}$ 与 $\vec{c}$（或 $\vec{a}$ 与 $\vec{b}$）两个矢量组成的平面。例如，对于立方晶系，其倒空间基矢 $\vec{a^*}$ 垂直于（100）晶面，$\vec{b^*}$ 垂直于（010）晶面，$\vec{c^*}$ 垂直于（001）晶面。

② 正空间基矢和倒空间基矢的长度之间存在特定关系。如果 $\alpha=\beta=\gamma=90°$，则存在如下关系

$$|\vec{a^*}| = \frac{1}{|\vec{a}|}, |\vec{b^*}| = \frac{1}{|\vec{b}|}, |\vec{c^*}| = \frac{1}{|\vec{c}|} \tag{3-8}$$

3.4.4 倒易矢量及其性质

倒易点通过借用其对应的晶面指数表示为 hkl，倒易矢量定义为倒易原点与倒易点所连接成的矢量，表示为

$$\vec{r_{hkl}^*} = h\vec{a^*} + k\vec{b^*} + l\vec{c^*} \tag{3-9}$$

根据式（3-7）可以证明，倒易矢量具有两个基本性质：

① 倒易矢量的方向垂直于正点阵中的（hkl）晶面，即 $\vec{r_{hkl}^*}$ 垂直于晶面（hkl）；

② 倒易矢量的长度等于（hkl）晶面的晶面间距倒数，即 $|\vec{r_{hkl}^*}| = 1/d_{hkl}$。

已知倒易矢量为 $\vec{r_{hkl}^*} = h\vec{a^*} + k\vec{b^*} + l\vec{c^*}$，下面简述两个基本性质的证明过程。

根据密勒指数的定义可知，晶面（hkl）与三个坐标轴的截距分别为 $\overrightarrow{OA}=\vec{a}/h$，$\overrightarrow{OB}=\vec{b}/k$，$\overrightarrow{OC}=\vec{c}/l$，晶面法向的单位矢量为 $\vec{n}$，见图 3-9。

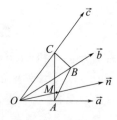

图 3-9 正空间的（hkl）晶面与三个晶轴相交［三个交点分别为 A、B 和 C 点，$\vec{n}$ 为（hkl）晶面法线的单位矢量，OM 为原点到（hkl）晶面的垂线距离］

证明 1：倒易矢量方向垂直于正空间点阵中的（hkl）晶面。

由于 $\overrightarrow{AB}=\overrightarrow{OB}-\overrightarrow{OA}=\vec{b}/k-\vec{a}/h$，故

$$\vec{r_{hkl}^*} \cdot \overrightarrow{AB} = (h\vec{a^*}+k\vec{b^*}+l\vec{c^*}) \cdot \left(\frac{\vec{b}}{k}-\frac{\vec{a}}{h}\right)$$

$$=h\vec{a}^* \cdot \vec{b}/k+k\vec{b}^* \cdot \vec{b}/k+l\vec{c}^* \cdot \vec{b}/k-h\vec{a}^* \cdot \vec{a}/h-k\vec{b}^* \cdot \vec{a}/h-l\vec{c}^* \cdot \vec{a}/h$$。

由式（3-6）可知，$\vec{r}_{hkl}^* \cdot \overrightarrow{AB}=0+1+0-1-0-0=0$，即 $\vec{r}_{hkl}^* \perp \overrightarrow{AB}$。

同理可证，$\vec{r}_{hkl}^* \perp \overrightarrow{AC}$ 和 $\vec{r}_{hkl}^* \perp \overrightarrow{BC}$。

于是有 $\vec{r}_{hkl}^*$ 垂直于晶面（hkl）。

证明 2：倒易矢量的长度等于（hkl）晶面间距的倒数，即 $1/d_{hkl}$。

从 O 点向晶面（hkl）引垂线，其交点为 M，于是有 $OM=d_{hkl}$。显然 OM 可以写成矢量点乘形式 $OM=\overrightarrow{OA} \cdot \vec{n}=\vec{a}/h \cdot \vec{n}$。由证明 1 可知，倒易矢量垂直于该晶面，所以倒易矢量平行于晶面法线 $\vec{n}$ 或 OM 方向。这样，就可以基于倒易矢量定义单位矢量

$$\vec{n}=\frac{\vec{r}_{hkl}^*}{|\vec{r}_{hkl}^*|}$$

进而有

$$OM=d_{hkl}=\overrightarrow{OA} \cdot \vec{n}=\frac{\vec{a}}{h} \cdot \vec{n}=\frac{\vec{a}}{h} \cdot \frac{\vec{r}_{hkl}^*}{|\vec{r}_{hkl}^*|}=\frac{\vec{a}}{h} \cdot \frac{h\vec{a}^*+k\vec{b}^*+l\vec{c}^*}{|\vec{r}_{hkl}^*|}=\frac{1}{|\vec{r}_{hkl}^*|}$$

于是有 $|\vec{r}_{hkl}^*|=1/d_{hkl}$ 或 $d_{hkl}=\dfrac{1}{|\vec{r}_{hkl}^*|}$。

由倒易矢量的两个基本性质可知，倒易点阵中任意一个倒易矢量 $\vec{r}_{hkl}^*$ 能够完整地表达一组平行晶面的信息，即晶面取向（$\vec{n}=\vec{r}_{hkl}^*/|\vec{r}_{hkl}^*|$）和晶面间距（$d_{hkl}=1/|\vec{r}_{hkl}^*|$），见图 3-10。也就是说，倒空间中任一倒易点均对应着一组平行晶面。由于晶面间距和晶面取向能唯一地确定一组平行晶面，故倒易点在倒易空间中也具有唯一性。

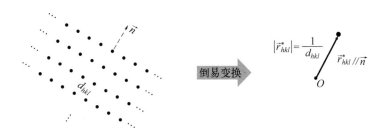

图 3-10　正空间的一组平行晶面（hkl）经倒易变换后与倒空间中的一个倒易矢量 $\vec{r}_{hkl}^*$ 相对应（倒易矢量的取向和长度分别代表晶面法向和面间距 d_{hkl}）

根据倒易矢量的基本性质，即晶面（hkl）垂直于 $\vec{r}_{hkl}^*$，能推知晶带 [uvw] 中的各个晶面（$h_i k_i l_i$）垂直于倒易矢量 $\vec{r}_{h_i k_i l_i}^*$（$i=1,2,3,\cdots$）。根据 3.3.3 节中的晶带定律，晶面（$h_i k_i l_i$）//晶带轴 [uvw]，故倒易矢量 $\vec{r}_{h_i k_i l_i}^*$ 垂直于晶带轴 [uvw]。也就是说，同一晶带轴中所有晶面对应的倒易矢量均垂直于该晶带轴。此外，代表正空间点阵中同一晶带中晶带面的倒易矢量 $\vec{r}_{h_i k_i l_i}^*$，均落在倒易点阵中的一个过倒易原点的倒易面（uvw）* 上，且倒易面（uvw）* 垂直于晶带轴 [uvw]，见图 3-11。如果已知正空间中的晶带轴 [uvw]，便能获得在倒易空间对应的倒易面（uvw）*，反之亦然。

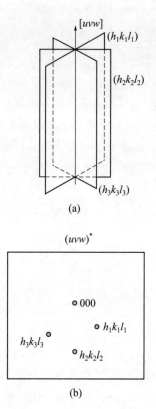

(a)

$(uvw)^*$

o 000

o $h_1k_1l_1$

$h_3k_3l_3$ o

o $h_2k_2l_2$

(b)

图 3-11　正空间中的晶带轴 $[uvw]$ 和晶带面 $(h_ik_il_i)$（a）；以及
倒空间中的倒易平面 $(uvw)^*$ 和倒易点 $h_ik_il_i$（b）

如果将晶带轴用正空间点阵矢量 $\vec{s}_{uvw}=u\vec{a}+v\vec{b}+w\vec{c}$ 表示，晶面法向用 $\vec{r}^*_{hkl}=h\vec{a}^*+k\vec{b}^*+l\vec{c}^*$ 表示，由 $\vec{s}_{uvw}$ 和 $\vec{r}^*_{hkl}$ 垂直可得

$$\vec{s}_{uvw}\cdot\vec{r}^*_{hkl}=(u\vec{a}+v\vec{b}+w\vec{c})\cdot(h\vec{a}^*+k\vec{b}^*+l\vec{c}^*)=0 \tag{3-10}$$

进而推导出如式（3-4）所示的晶带定律。

3.4.5　倒易变换本质与数学表达

如果把正空间晶体点阵理解为一个以阵点位置矢量 $\vec{r}$ 为自变量的周期函数 $f(\vec{r})$，则倒易点阵本质上就是晶体正空间的周期性点阵经傅里叶变换后在倒空间（波矢空间）的排布形式。反之，晶体正空间点阵就是倒易点阵的傅里叶逆变换。简而言之，倒易点阵是晶体结构周期性·（函数）的傅里叶数学变换。

$$F(\vec{r}^*_{hkl})=\int_{-\infty}^{+\infty}f(\vec{r})\mathrm{e}^{-i\vec{r}^*_{hkl}\cdot\vec{r}}\,\mathrm{d}\vec{r} \tag{3-11}$$

材料在 X 射线照射下产生的衍射图像正是正空间点阵经傅里叶变换得到的倒易点阵截面放大图像，详见第 4 章。

经倒易变换后，正空间的一组平行晶面 (hkl) 对应倒空间的一个倒易点 hkl，见图 3-9。

进而，晶体正空间中的各个晶面经倒易变换为一系列倒易点。可以想象，经倒易变换后，晶体中一组平行晶面信息由一个倒易矢量（或倒易点）表达，实现了结构信息的高度浓缩。从图像上来看，属于同一晶带轴的多个晶面所对应的倒易点，由倒易点阵中的一个倒易截面显示，见图3-12。

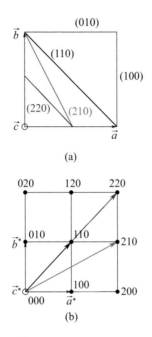

(a)

(b)

图3-12　属于同一晶带轴 $[00\bar{1}]$ 的晶面（110）、（220）和（210）等在正空间中的表述形式（a），及其在倒空间中的表述形式（b）（即倒易点110、220和210等）

需要指出的是，倒易空间中倒易点所对应的晶面不但有指数互质的实际晶面，也有指数不互质的虚拟晶面，例如（220）晶面。实际晶面和虚拟晶面统称为衍射晶面（详见第4章），并用（HKL）表示。在本教材后面的所有章节中，倒易矢量均由 $\vec{r}_{HKL}^{*} = H\vec{a}^{*} + K\vec{b}^{*} + L\vec{c}^{*}$ 表示，其中，H、K 和 L 为任意整数，不受互质的限制。同样，晶面族也改由〈HKL〉表示。使用衍射晶面实现了正空间晶面与倒易空间中倒易点的一一对应，有利于对衍射原理的理解。

3.4.6　倒易变换的科学意义

X射线照射单晶材料产生衍射后，若采用接收屏或者底片接收衍射信号，能采集到衍射斑点，如图3-6所示。衍射理论指出，三维晶体中产生的任一条衍射线，均源于与入射X射线的方向和波长满足一定关系的"一组晶面"。也就是说，晶体X射线衍射的发生必定与晶面结构特征有关。于是，需要解答的一个问题是，数量众多的一组平行晶面如何与一个衍射斑点相关联？

基于上述分析可知，引入倒易变换（点阵）的意义恰恰就在于，通过建立一组平行晶面与倒易点之间的对应关系，再结合倒易点与衍射斑点之间的对应性，进而解释正空间中晶面结构与所观察到的衍射斑点之间的联系。这不仅帮助我们直观有效地理解X射线与物质之间相互作用产生的衍射现象，更揭示出了衍射的物理本质和基本原理，为建立衍射理论奠定了基础。图 3-13 以简化的方式指出了倒易点在解释衍射斑点形成中的桥梁和纽带作用，具体内容将在第 4 章和第 6 章中详细介绍。

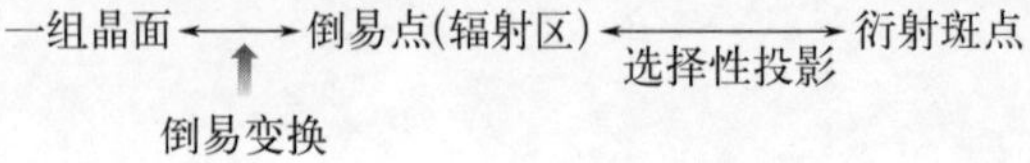

一组晶面 ←→ 倒易点(辐射区) ←→ 衍射斑点

倒易变换　　　　　选择性投影

图 3-13　倒易变换在建立衍射晶面与衍射花样之间关系中的作用
（即以倒易点为桥梁和纽带解释衍射斑点和衍射花样的形成）

那么，为什么说晶体 X 射线衍射图像对应着晶体点阵傅里叶变换结果？其科学性已得到实验证实。例如，对晶态和非晶态原子排列的三维图像，进行数学上的傅里叶变换得到的图像形式与实验上获得的衍射图像具有相同的特征。图 3-14（a）～（d）给出了晶态和非晶态材料在正空间内原子排布的模拟示意图。其中，图（a）和（c）所展示的材料结构中原子间距远小于图（b）和（d）所示结构。容易观察到，晶态原子结构经傅里叶变换得到的倒空间图像，由离散的倒易点构成，如图（e）和（f）所示。而且正空间原子间距越小，变换后的倒易空间中倒易点越稀疏。相比之下，非晶态材料的原子无序结构经傅里叶变换后，在倒空间中表现为弥散的环状图形，如图（g）和（h）所示，且正空间中原子间距越小对应的倒空间环间距越大，即正空间和倒空间存在尺寸倒置关系。上述经数学上傅里叶变换得到的倒空间图像，与实验中观察到的晶态和非晶态材料的衍射图像特征相一致。上述分析证实了材料的衍射图像在数学上是正空间原子结构经傅里叶变换的倒空间图像。反过来，在回答材料 X 射线衍射结果为倒空间图像这一物理本质问题时，也证实了基于正空间原子结构进行傅里叶变换的科学性。

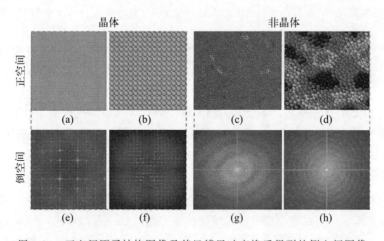

图 3-14　正空间原子结构图像及其经傅里叶变换后得到的倒空间图像

关于倒易矢量需要补充一点：在材料学研究中，基于晶胞参量定义倒空间的基本矢量，通过式（3-7）中的 0 和 1 两种取值进行实、倒空间结构参量的转换。例如，立方晶胞的晶胞参数为 a，对应的倒易点阵基本矢量长度为 $1/a$。而在物理学上，利用倒空间的基本矢量（或波矢）定义布里渊区，通过 0 和 2π 两种取值开展实、倒空间结构参量的转换。例如，对于晶胞参数为 a 的立方晶胞，第一布里渊区尺寸为 $2\pi/a$。

3.5 非晶态材料结构

晶态材料中，原子、原子团或分子在三维空间的分布具有平移对称性，3.1 节介绍的点阵结构能描述其周期性排列规律。然而，对于非晶态材料，如玻璃、松香、明胶、塑料等，其内部的原子、原子团、离子或分子的排列方式不存在平移对称性，只是在较短范围内呈现出某种规律性，在较大范围内无周期性排布特征。图 3-15 为晶态和非晶态 B_2O_3 的结构示意图，晶体是以规则的［BO_3］三角形为单元构成三维周期性重复的网状结构。相比之下，非晶态是以不规则的［BO_3］三角形构成的无规三维结构。目前，对非晶态材料的结构认知还在不断发展之中，已知的共性结构特征有：

① 原子排列长程无序，不存在周期性；

② 原子排列短程有序，近邻或次近邻原子间的配位数、原子间距、键角、键长等具有一定的相似性；

③ 非晶态结构中没有理想的格点位置，在宏观上具有均匀性和各向同性。虽然没有定义位错和晶界等晶体中常见的显微缺陷结构，但在微观上（纳米尺度范围内）存在明显的结构不均匀性。

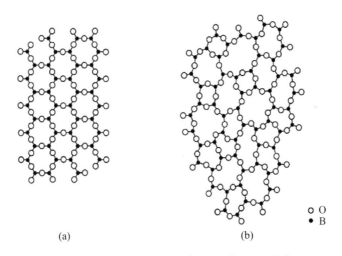

(a)   (b)

○ O
● B

图 3-15 晶态（a）和非晶态（b）的 B_2O_3 结构

综上所述，非晶态材料在正空间的结构特征可概述为：长程无序、短程有序、宏观均匀、微观异质。

为了更好地描述非晶材料的结构，发展了众多非晶结构模型和结构参量。比如，氧化硅玻璃的"球-棍"模型、硬球密堆模型，还有适用于共价键的连续无规网络模型，适用于聚合物的无规线团模型，适用于非晶合金的无规密堆模型以及微晶模型等。目前，提出的非晶结构参量包括基于拓扑结构的多面体类型与分布、局部五次对称性、分形序等。接下来，简要介绍应用非常广泛的双体分布函数 $g(r)$、径向分布函数 $RDF(r)$ 和约化径向分布函数 $G(r)$。

首先，约化径向分布函数表达了非晶材料结构相较于完全无规系统的相对密度起伏情况。在正空间中定义为

$$G(r)=4\pi r[\rho(r)-\rho_a]$$ 　　　　(3-12)

式中　$\rho(r)$ ——距离参考原子 r 处的平均原子密度；

　　　ρ_a ——材料中的平均原子密度。

$G(r)$ 经转换得到描述非晶结构的两个重要结构参数：

$$\begin{cases} g(r)=\dfrac{\rho(r)}{\rho_a}=1+\dfrac{G(r)}{4\pi r\rho_a} \\ RDF(r)=4\pi r^2\rho(r)=4\pi r^2\rho_a+rG(r) \end{cases}$$ 　　(3-13)

双体分布函数 $g(r)$ 又称为对分布函数或者双体概率密度函数。$g(r)$ 峰位包含了各原子壳层的平均距离信息，峰高表示距任一原子 r 处的原子分布概率。如图 3-16 所示，以任一参考原子为球心，将其周围的原子划为多个配位球层 i，r_i 表示参考原子与某配位层上原子的平均间距。由于晶态材料中原子的规律性排布，在不同配位层对应的原子间距处，$g(r)$ 呈现出锐利的峰型特征，如图 3-17（a）所示。相比之下，非晶态材料中结构单元的畸变及其排布的无序性，造成 $g(r)$ 峰宽化现象，如图 3-17（b）所示。此外，随 r 增大，$g(r)$ 曲线的起伏很快消失而变得比较平滑。这显示了非晶态材料中仅存在短程序，即有确定的最近邻及次近邻配位层，而不存在长程序的特点。当 r 较小时，$g(r)$ 会明显偏离 1，这是非晶态材料中存在短程序的标志；随着 r 的增加，$g(r)$ 会逐渐趋向于 1，体现了非晶态材料结构的长程无规分布特征。

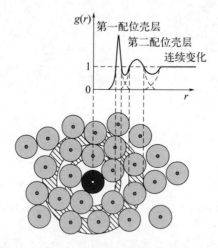

图 3-16　双体分布曲线 $g(r)$ 表示中心原子周围不同壳层内原子的概率密度分布

径向分布函数 $RDF(r)$ 定义为以某参考原子为球心，半径为 r 处的单位厚度球形壳层中所包含的平均原子数[❶]。不同于双体分布曲线 $g(r)$，非晶态材料的 $RDF(r)$ 曲线反映了叠加在原子完全无规分布（$4\pi r^2\rho_a$）之上的径向局部密度变化情况。径向分布曲线 $RDF(r)$ 峰值

---

❶　部分文献和网络资料中没有区别径向分布函数 $RDF(r)$ 和双体分布函数 $g(r)$。

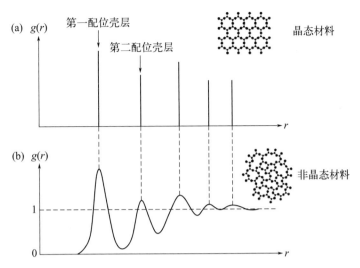

图 3-17　晶体（a）和非晶（b）结构双体分布曲线 $g(r)$ 的对比
（晶态（a）和非晶态（b）材料分别呈现出锐利峰和宽化峰特征）

所对应的 r 值，依次给出最近邻、次近邻和第三近邻的平均距离。RDF(r) 第一峰下的面积，对应最近邻原子壳层内的原子数目，即最近邻配位数。图 3-18 给出了一个典型非晶合金的径向分布函数，其阴影部分面积给出最近邻配位数 $N \approx 13$，表明原子密堆排列。以此类推，第二峰和第三峰下的面积，则分别对应第二和第三近邻原子配位数。

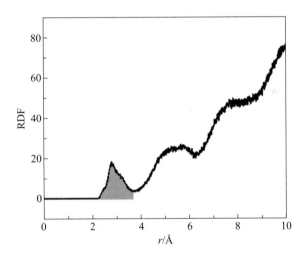

图 3-18　典型非晶合金（$Cu_{50}Zr_{50}$）的径向分布函数

　　上述讨论适用于由一种原子构成的材料结构描述。对于含有多种原子的材料结构，需定义偏分布函数。类似前面针对单组元结构的定义方式，多组元材料结构中的偏双体分布函数定义为

$$g_{ij}(r) = \frac{\rho_{ij}(r)}{c_j \rho_a} \quad (i,j = 1,2,3,\cdots,n) \tag{3-14}$$

式中 ρ_a——n 种元素的平均原子数密度；

c_j——组元 j 的摩尔分数；

$\rho_{ij}(r)$——距离 i 种原子 r 处的 j 种原子密度。

显然，位于中心原子周围 r 和 r+dr 之间球壳内 j 原子的平均数目为 $4\pi r^2 \rho_{ij}(r)$。同理，定义偏径向分布函数和偏约化径向分布函数。其中，$G_{ij}(r)$ 与 $g_{ij}(r)$ 之间的转换关系为

$$G_{ij}(r)=4\pi r\rho_a[g_{ij}(r)-1] \tag{3-15}$$

习题与思考题

3-1　说明晶态材料中晶面的密勒指数标定方法。

3-2　（110）和（220）晶面是同一晶面吗？对应的倒易矢量之间有何关系？

3-3　如何统计晶胞中的原子数目？体心和面心布拉维晶胞分别有几个原子？如何定义它们的原子位置？

3-4　正点阵与倒易点阵的联系和区别是什么？

3-5　倒易矢量的定义和基本性质是什么？

3-6　说明倒易矢量与晶面属性之间的对应关系。

3-7　倒空间基本参量与正空间基本参量之间如何实现相互转换？

3-8　在材料结构分析中引入倒易变换的作用和意义是什么？

3-9　为什么要强调晶面族概念？与衍射分析有什么关系？

3-10　从发生衍射的角度，如何理解晶面和倒易点之间的对应关系？

第 4 章

X 射线衍射方向

入射 X 射线与物质相互作用后有机会产生衍射，通过接收系统收集衍射信号即获得衍射谱。不同材料体系的衍射谱各异，但均包含三种基本信息，即衍射方向（线位）、衍射强度和衍射线形。本章将主要探讨衍射方向相关的问题。为此，将分别从正空间和倒空间的角度解释衍射形成的基本原理，进而回答在某个方向上是否会发生衍射。正空间中解释衍射方向的基本理论是劳厄方程和布拉格方程，4.2 节和 4.3 节将分别介绍基于一维原子点阵和二维原子晶面得到的衍射方程，给出晶体发生衍射时的定量约束关系。对于三维晶体材料，劳厄方程和布拉格方程均指出，发生衍射时，每一条衍射线均来自某一特定晶面，衍射线相对于入射线在该晶面的反射位置。为了进一步回答衍射和晶面之间直观上的对应性问题以及衍射现象的物理本质，4.4 节在倒易空间中重新诠释了布拉格方程，进而建立了衍射矢量方程，通过绘制埃瓦尔德图，阐明了入射 X 射线、试样、倒易点、衍射方向之间的位向关系，进一步阐释了衍射的方向性和物理本质。

4.1 衍射谱的基本要素

4.1.1 晶体 X 射线衍射的产生

晶体中的 X 射线衍射遵循惠更斯-菲涅尔衍射原理，即存在大量次波波源，次波波源发出的散射波（次波）产生相干叠加。当一束 X 射线照射到晶体上，首先被电子散射，每个电子都作为一个新的辐射波源，向空间辐射出电磁波，形成次生 X 射线。其中，被原子核紧束缚的电子与入射 X 射线作用后辐射出与入射波同频率的电磁波。这些弹性散射波在空间相互叠加，在某些方向上经干涉作用相互加强产生衍射，但在绝大多数方向上，由于大量散射波的参与，且散射波间存在周相差而最终强度抵消，不会发生衍射。X 射线与晶体作用产生的衍射现象，是数量庞大的弹性散射波之间干涉作用的结果。

4.1.2 衍射图像的基本要素

按照衍射信号接收系统的不同，材料的 X 射线衍射方法可分为两种，一种是照相法，另一种是衍射仪法。两种方法均包括入射 X 射线、试样和衍射信号接收系统。照相法是早期获得衍射图谱的传统方法，用胶片记录衍射信息。对于单晶试样，衍射谱由衍射斑点构成，如图 3-6 所示；对于多晶试样，衍射谱由多条衍射线条构成，如图 4-1（a）中胶片上的线条。图 4-1（b）给出了衍射仪法工作示意图（上图）和得到的衍射谱（下图），该方法使用探测器接收衍射信号，衍射谱由位置和强度均可量化的衍射峰构成。两种方法的具体技术特点将在第 7 章做详细介绍。

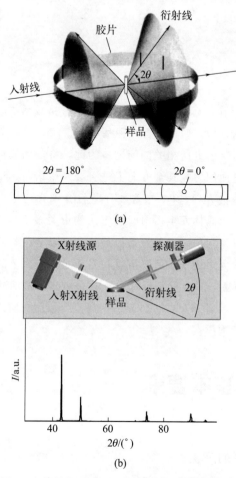

图 4-1　获得粉末多晶 X 射线衍射谱的两种方式
（a）照相法；（b）衍射仪法

衍射谱包含三个基本要素：衍射方向、衍射强度与衍射线形，分别对应着衍射线的位置、强度（或亮度）和展宽。分别介绍如下。

（1）衍射方向

衍射方向是衍射线相对于入射线和晶体取向在空间传播的方向，是 X 射线与晶体作用经弹性散射后次生 X 射线发生干涉、相互加强的方向。衍射方向受点阵类别、晶胞常数和晶面位向等影响。

（2）衍射强度

衍射强度是衍射线的强度，表示次生 X 射线加强的程度。其取决于晶胞中原子的种类和数量、晶面特征、晶胞中原子的占位以及衍射方向、吸收系数、温度等。

（3）衍射线形

衍射线形与衍射谱的获取方式有关，利用不同的衍射接收方式得到的衍射线形有所不同，如图 4-1（a）中照相法的衍射线条、图 4-1（b）衍射仪法的衍射峰和单晶体的衍射斑点。衍射线形的具体表现形式与仪器制造精度、晶粒大小、晶胞排列方式、晶胞完整度等因素有关。

材料 X 射线衍射理论要解决的核心问题之一，是在衍射现象与材料结构参量之间建立联系。为回答该问题，首先需要解决的衍射问题是"从哪来到哪去"，即衍射的起源和方向。为此，一种方式是以晶体的三个晶轴方向作为参考方向，另一种方式是以入射 X 射线方向作为参考方向。正是基于这两种思路，分别建立了解释晶体 X 射线衍射方向的劳厄方程和布拉格方程。在两个方程的推导过程中均假设晶体为理想结构，且照射到晶体上的 X 射线是单色平行的。

4.2 衍射方向的劳厄方程

劳厄（M. T. F. Laue, 1879—1960），德国物理学家。1879 年出生于德国科布伦茨附近的普法芬多尔夫。1903 年在柏林大学获博士学位，师从普朗克。1909 年为慕尼黑大学理论物理所研究人员，1912 年起他先后在苏黎世大学、法兰克福大学任教，1919 年返回柏林大学任教物理学教授。1921 年成为普鲁士科学院院士。1921—1934 年任德国科学资助协会物理委员会主席。1945 年二战结束德国投降后，他被美军送往英国，1946 年重返德国，先后定居于格丁根和柏林，1955 年再次入选德国物理学会会员。劳厄认为 X 射线是一种电磁波，并提出了利用 X 射线照射晶体产生的衍射现象研究固体材料结构的想法，并于 1912 年用实验证实。此外，劳厄根据三维衍射理论以几何观点解释了 X 射线在晶体中的衍射现象，并于 1931 年完成了 X 射线的"动力学理论"。由于发现 X 射线通过晶体的衍射现象，劳厄于 1914 年荣获了诺贝尔物理学奖。

4.2.1 劳厄方程推导

劳厄使用 X 射线照射 $CuSO_4 \cdot 5H_2O$ 晶体得到世界上第一张用于材料结构分析的衍射图谱，爱因斯坦（A. Einstein）称劳厄的实验是"物理学最完美的实验"。衍射实验的成功证实了两个重要假设：①X 射线本质上是电磁波；②晶体中原子以空间点阵形式排列。接下来，通过确定一维点阵和三维点阵上产生衍射的条件推导劳厄方程。

（1）一维原子点阵的衍射条件

假设一直线原子点阵，点阵基矢为 a，即相邻两原子间的距离，如图 4-2 所示。平行 X 射线以 $\vec{s_0}$ 方向入射，与直线点阵的交角为 α_0。若在与直线点阵成 α 角的 $\vec{s}$ 方向发生衍射，则经任意相邻两个原子例如 O 原子与 P 原子的相邻波之间的总光程差 Δ 应为波长 λ 的整数倍。下面分别计算衍射光路和入射光路上过两原子的光程差。从 P 点向过 O 点的衍射光作垂线，交点为 A，OA 则为衍射光路上过 O 原子与过 P 原子的光程差；同样，从 O 点向过 P 点的入射光作垂线，交点为 B，BP 则为入射光路上过 P 原子与过 O 原子的光程差。于是，过 O 和 P 相邻原子的总光程为 $\Delta=OA-PB$。当发生衍射，则有

$$\Delta=OA-PB=H\lambda$$

式中　　H——整数，$H=0,\ \pm1,\ \pm2,\ \cdots$。

已知 $OA=a\cos\alpha$ 和 $PB=a\cos\alpha_0$，于是两相邻原子之间光程差为

$$\Delta=a\cos\alpha-a\cos\alpha_0=a(\cos\alpha-\cos\alpha_0)=H\lambda \tag{4-1}$$

这就是一维直线原子点阵产生衍射的条件，即劳厄一维衍射方程。

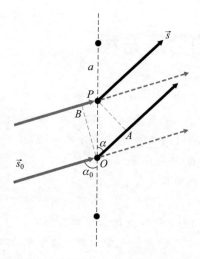

图 4-2　X 射线以入射角 α_0 方向照射一维直线原子点阵
并在衍射角 α 方向上产生衍射的光路

（2）一维原子点阵衍射方程的讨论

① 基于一维直线原子点阵的点阵常数确定衍射方向。当已知入射 X 射线波长 λ、入射角 α_0 以及直线点阵的原子间距 a，根据式（4-1）求解不同整数 H 下的 α 角，从而确定衍射方向。反之，根据式（4-1），能够判断在某一角度 α 上能否产生衍射。式（4-1）中 H 取值范围与 a 的数值大小有关。若原子间距 a 足够大，则 H 可以有多个取值，相应地角 α 可有多个数值解。

② 一维直线原子点阵的衍射谱形状。对于直线点阵，当入射 X 射线波长和入射角一定，衍射光路上若以 α 角满足劳厄方程［式（4-1）］，则从 O 点出发与直线点阵成 α 角的衍射线在空间并不只沿某一特定方向形成衍射，而是围绕该直线阵列形成一个圆锥。该圆锥以入射 X 射线与直线点阵交点 O 为顶点，并以直线点阵为轴。圆锥面上从 O 点出发的衍射线均与直线点阵成 α 角。此外，式（4-1）中 α 可取多个数值，对应不同的 H 整数值。由于每一个 α 值对应一个圆锥，不同的 α 取值则构成一系列嵌套的圆锥结构，见图 4-3。如果 X 射线以垂直于直线原子点阵入射，则相对于 $H=0$ 面，$H=1,2,\cdots$ 和 $H=-1,-2,\cdots$ 对应的圆锥呈现出上下对称特征；

否则，入射 X 射线与直线原子点阵不垂直，$H=0$ 面上下的圆锥对称性缺失，正如图 4-3 所示。

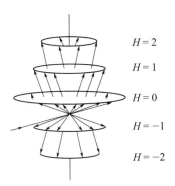

图 4-3　当入射光以一定角度（< 90°）入射直线点阵，发生衍射后
形成的嵌套结构的衍射锥面

此时，当用一平面底片接收衍射线，由于衍射花样是该平面底片与系列圆锥面的交线，其花样随底片放置方式而变化。若底片垂直于直线点阵放置，衍射花样为一系列同心圆；若底片平行于直线点阵放置，则为一系列抛物线。

（3）三维空间点阵的衍射条件

一维直线原子点阵上 X 射线衍射条件的推导，能够推广到二维平面结构和三维立体空间结构。假设晶体空间点阵在 X、Y 和 Z 三个轴的基本矢量分别为 $\vec{a}$、$\vec{b}$ 和 $\vec{c}$，X 射线以与三个晶轴的交角分别为 α_0、β_0 和 γ_0 的方向入射，参考一维直线原子点阵衍射条件的劳厄方程，在三维原子结构上产生衍射应满足以下条件：

$$\begin{cases} a(\cos\alpha - \cos\alpha_0) = H\lambda \\ b(\cos\beta - \cos\beta_0) = K\lambda \\ c(\cos\gamma - \cos\gamma_0) = L\lambda \end{cases} \tag{4-2}$$

式中　　　λ——波长，Å；

　　a、b、c——分别为三个晶轴方向的晶胞参数，Å 或 nm；

　　α_0、β_0、γ_0——分别为入射方向与三个晶轴的交角，(°)；

　　α、β、γ——分别为衍射方向与三个晶轴的交角，(°)；

　　H、K、L——任意整数（本质为晶面指数，见 4.2.2 节），取值为 0，±1，±2，…。

式（4-2）即为三维晶体中 X 射线衍射的劳厄方程。一维到三维劳厄衍射方程的建立，阐明了晶体中 X 射线衍射的原理，解决了衍射起源和衍射方向的问题。

4.2.2　三维劳厄衍射方程的讨论

（1）衍射产生条件

图 4-4 给出了 X 射线照射一个三维晶体后，沿 X、Y、Z 轴分别形成三个衍射圆锥面的示意图。如若产生衍射，需要衍射线同时在三个圆锥上，也就是三个圆锥的交线处。因为只有满足这一条件，从三个轴的直线点阵而得到的衍射线才能发生干涉作用而相互加强。

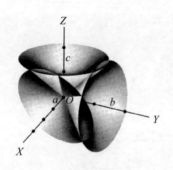

图 4-4　X 射线与位于 O 点晶体作用后，沿 X、Y 和
Z 轴分别形成三个衍射锥面

当入射条件一定，判断某一方向上能否产生衍射，就是要检验衍射角 α、β、γ 是否满足劳厄方程。仅从数学上讲，基于劳厄方程的三个独立等式来求解 α、β、γ 三个变量，存在数值解的可能性较大，意味着发生衍射的机会较高。然而，晶体学上衍射角 α、β、γ 并不是完全独立的。对于这三个变量，存在额外的约束条件，即 $F(\alpha,\beta,\gamma)=0$。例如，对于三个晶轴相互垂直的晶系，α、β、γ 满足如下关系

$$\cos^2\alpha+\cos^2\beta+\cos^2\gamma=1 \tag{4-3}$$

因此，判断衍射能否发生需要同时满足式（4-2）和式（4-3），即四个方程中求解 α、β、γ 三个变量。这样，对于一组给定的 H、K、L 整数，α、β、γ 有数值解的可能性大大降低，甚至无解。这说明式（4-2）中，在 λ、a、b、c、α_0、β_0、γ_0、H、K、L 均确定的情况下，发生衍射的概率很低。即使变化整数 H、K 和 L，也难以确保 α、β 和 γ 一定有数值解，意味着仍难以满足衍射发生条件。因此，实际操作中，为了提高单晶 X 射线衍射的概率，即提高 α、β 和 γ 存在数值解的概率，通常将式（4-2）中的其他参量做变量处理，例如使用非单一波长的白光照射晶体（即将 λ 设为变量），或者旋转晶体使 α_0、β_0、γ_0 成为变量。

（2）H、K、L 的物理含义

对于晶胞参数为 a、b、c 的晶体，根据三维劳厄方程，一旦产生了衍射，任何一条衍射线均有确定的入射角 α_0、β_0、γ_0 和衍射角 α、β、γ。同样，任一衍射线的出现，也表明劳厄方程中的三个整数变量 H、K、L 有一组确定的数值。这就是说，每一条衍射线的背后存在一组整数 H、K、L。那么，此时需要回答的问题是，整数组 H、K、L 的物理本质是什么？下面就该问题进行讨论。

如前面所述，衍射发生时，对每一条衍射线的解析都能在式（4-2）中找到一组确定的 H、K、L 数值。于是，在 X 轴上定位某一个原子 R，使其距原点 O 的距离为 $OR=KLa$，如图 4-5 所示。由一维直线原子列的 X 射线衍射劳厄方程 [式（4-1）] 可知，一旦发生衍射，X 轴上（间距为 a）的任意两个相邻原子之间的光程差为 $H\lambda$。因此，对于相距 KLa 的 R 原子和 O 原子，经过这两个原子的光程差等于 $HKL\lambda$。同理，也一定能够在 Y 轴找到一原子 S，使其与 O 原子相距 $(HL)b$；在 Z 轴找到一 T 原子，使其与 O 原子相距 HKc，如图 4-5 中的 Y 轴和 Z 轴所示。分析可知，经 S 或 T 原子与 O 原子的光程差也是 $HKL\lambda$。这样，经过 R、S、T 任一原子与 O 原子的光程差均为 $HKL\lambda$。

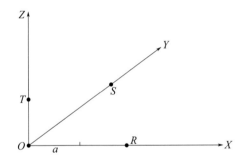

图 4-5　X、Y、Z 轴上距 O 点原子光程差为 $HKL\lambda$ 的三个原子 R、S、T 位置

　　进一步分析可知，经 R、S、T 任意两个原子的光程差为 0，即衍射光路上的光程差等于入射光路上的光程差。以 R 和 S 两个原子所确定的直线点阵为例，当入射线方向固定，衍射线分布在 RS 为轴线的圆锥面上，如图 4-6 所示。根据一维直线原子点阵的劳厄衍射方程，光程差为 0 对应 $H=0$ 情况，入射线与衍射线构成的几何正是劳厄方程［式（4-1）］中 $\alpha=\alpha_0$ 的一个特例。这种情况下，入射线与衍射线相对于 RS 直线点阵呈对称分布。

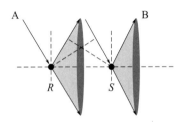

图 4-6　经过 R（X 轴上）和 S（Y 轴上）原子的光程差为零时，
围绕 RS 一维直线原子点阵产生的衍射圆锥

　　同理，入射线与衍射线也分别相对于 RT、ST 直线点阵对称。由于 R、S、T 三个原子分别在 X、Y、Z 三个轴上，能够唯一确定一个平面，如图 4-7 所示。因此，基于上述分析可以断定，入射线与衍射线必然相对于 R、S、T 三原子所确定的这一晶面呈对称分布。换言之，入射线与衍射线围绕该晶面的法线对称，呈现出该晶面的"反射"特征。

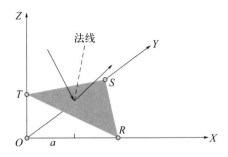

图 4-7　三维原子点阵中某晶面（灰色阴影区域表示）形成衍射

由此得到劳厄方程的一个重要推论：X 射线照射到三维晶体产生衍射后，每条衍射线背后一定存在某一特定的晶面，且衍射线处于入射线相对于该晶面的反射方向上。随之而来的问题是，该晶面具有哪些特征？晶面指数是多少？下面参考第 3 章晶面密勒指数的标定方法，对该晶面进行鉴别。基于上述分析及图 4-5，该晶面在 X、Y、Z 轴上的截距数值上分别是 KL、HL、HK。于是，相应的倒数为 $\frac{1}{KL}$、$\frac{1}{HL}$、$\frac{1}{HK}$。当取三者分母的公倍数 HKL 分别与这三个倒数相乘，立即得到满足劳厄方程而产生衍射的该晶面的指数为（HKL）。需要补充的是，由于此时 H、K、L 可能并非互质，晶面（HKL）不一定对应实际晶面，本质上为衍射面，且可能为负数，详见 4.3.2。由此，回答了关于三维劳厄衍射方程中的整数解 H、K、L 的物理本质问题，即产生衍射的某一特定衍射面的晶面指数。接下来的问题是，晶体中能够对波长为 λ 的 X 射线产生衍射的晶面具有什么样的物理特征呢？下一节将给出相应的答案。

综合以上分析，可以从劳厄方程中得到以下两个重要结论。

① 结构单元周期性有序排列形成的一维、二维或三维点阵与 X 射线相互作用时，均有可能产生衍射。衍射发生的基本条件是，入射 X 射线波长、入射角、衍射角和晶体学参数之间满足由劳厄衍射方程所规定的数学关系。

② X 射线照射三维晶体，一旦产生衍射，则每一根衍射线对应一个特定的晶面，且衍射线处于入射线相对于该晶面的反射位置上，即衍射线和入射线相对于该晶面呈镜面对称。此时，衍射线对于该晶面具有反射特征。

4.3　衍射方向的布拉格方程

4.3.1　布拉格方程推导

布拉格方程推导的前提是，X 射线在三维晶体中的衍射产生于晶面，衍射是晶面"反射"的结果，即从"晶面反射"角度出发，推导衍射方程。这与上一节所讲到的劳厄方程推论不谋而合，即衍射线处于入射线相对于该晶面的反射方向上。劳厄方程与布拉格方程存在等效性，二者在数学表达上的等效性见附录 A 中的推导。

布拉格（W. H. Bragg，1862—1942），英国物理学家。布拉格于 1862 年出生于英格兰西部的坎伯兰郡威格顿。1885 年剑桥毕业后，在澳大利亚阿德莱德大学任教数学和实验物理。1908 年返回英国后，任教于利兹大学，1915 年被任命为伦敦大学的 Quain 教授，开始晶体学分析的研究。布拉格于 1907 年入选皇家学会会员，1923 年被皇家学会授予化学领域的 Fullerian 教授称号，同年戴维法拉第实验室任命其为实验室主任，并于 1935～1940 年任皇家学会会长。他和儿子（W. L. Bragg，1890—1971）建立了解释晶体结构分析的布拉格方程，并因在 X 射线晶体分析方面的研究成果，父子二人于 1915 年分享了诺贝尔物理学奖。布拉格方程的创立，标志着 X 射线晶体学理论及其分析方法的确立，揭开了晶体结构分析的序幕，同时为 X 射线光谱学奠定了基础。为纪念他们的贡献并表彰杰出的青年晶体学家，国际晶体学会于 2017 年设立了 Bragg 奖。

父亲威廉·亨利·布拉格　　　　儿子威廉·劳伦斯·布拉格

假设有一组晶面（hkl），晶面间距为 d_{hkl}，一束光以与晶面成 θ 角的方向入射，如图 4-8 所示。假设衍射发生在入射线相对于晶面的反射位置上，衍射线与晶面夹角也为 θ。接下来，计算 X 射线经第一层和第二层两个相邻晶面反射后的总光程差。从入射 X 射线与第一层原子面的交点（A 点）分别向第二层的入射线与衍射线引垂线，交点为 C 和 D。于是，经该相邻晶面间的光程差为

$$\Delta = CB + BD$$

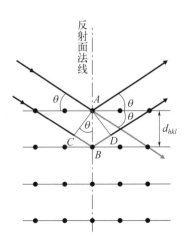

图 4-8　相邻两个晶面之间的入射线和反射线以及光程差

既然 $CB = BD = d_{hkl}\sin\theta$，两列相邻衍射波干涉加强的条件是光程差为波长的整数倍，于是有

$$2d_{hkl}\sin\theta = n\lambda \tag{4-4}$$

式中　d_{hkl}——晶面（hkl）的晶面间距，Å 或 nm；

n——反射级数，为整数，1，2，3，…；

θ——掠射角，入（反）射线与反射面的夹角，（°）。

式（4-4）即为布拉格方程。该式表明，来自不同晶面的反射线若要加强，则相邻晶面的

X射线在入射光路和反射光路上的总光程差为波长的整数倍。

4.3.2　布拉格方程的讨论

（1）衍射方向

衍射方向为X射线与晶体作用后衍射线离开晶体前进的方向。在基于布拉格方程的衍射理论中，以入射方向为参照基准，通过衍射线与入射线所成的夹角确定衍射方向。该夹角越大，表明衍射方向偏离入射方向越严重。这里有两个重要概念：

① 衍射角：入射线与衍射线（或反射线）的夹角，用2θ表示，$0° < 2\theta < 180°$，如图4-9所示。

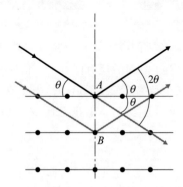

图4-9　晶体X射线衍射的简化光路及对应的掠射角θ和衍射角2θ

② 掠射角：入射线或者反射线与晶面的夹角，用θ表示，也称为布拉格角。

根据布拉格方程，一方面，如果使用单色X射线（λ固定）照射晶体，晶面间距d_{hkl}越小，则θ和2θ越大。随晶面间距由大到小变化，衍射谱上对应的衍射花样（衍射峰、衍射线条或衍射斑点）从低角向高角发展。晶面间距相同时，衍射结果在衍射谱上具有相同的2θ。另一方面，若选择使用不同波长λ的X射线照射，晶体中同一个晶面对应的衍射角不同，即该晶面的衍射出现在各自衍射谱的不同位置上。假设使用两种X射线照射晶体，$\lambda_1 < \lambda_2$，在λ_2的衍射谱中，衍射花样相较于λ_1的结果整体向高角方向移动。

需要指出的是，图4-9展示了晶体X射线衍射的简化光路，标明了入射线和衍射线相对于衍射晶面的方向，以及对应的衍射角2θ和掠射角θ。从实际情况看，衍射源于入射X射线与物质作用后的弹性散射，作为散射中心的电子成为新的散射源向周围辐射球面电磁波。大量满足干涉条件的电子弹性散射波在特定方向上因叠加而变强，如图4-10中的0级、1级、2级等散射波。

（2）选择反射

将三维晶体中的X射线衍射看成晶面反射，是推导出布拉格方程的前提与基础。从本质上讲，晶体中的X射线衍射是由数量庞大的电子散射波相互作用的结果。由三维晶体劳厄衍射方程的推论可知，衍射线方向仅仅是"恰好"处于原子面对入射线的反射位置，而布拉格方程的建立也正是借用镜面反射特征分析衍射问题。严格来讲，衍射是本质与原因，反射只是现象与结果。

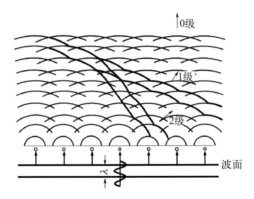

图 4-10   多个相干球面散射波在空间传播与相互作用示意

X射线在晶面上发生的这一反射现象与可见光的镜面反射有相似之处，但二者也存在明显不同。共同点是：在对外"效果"上，均满足对称规律。可见光的入射线和反射线相对于镜面对称，而X射线的入射线和反射（衍射）线相对于晶面法线对称。二者不同点如下：

① 一束可见光以任意角度投射到镜面上均能够产生反射，而晶面对X射线的反射并不是任意方向的，只有当 θ、λ、d_{hkl} 三者满足布拉格方程时才可能产生衍射，是有约束条件的反射。所以，把晶面对X射线的这种反射称为选择反射，表现为衍射方向的选择性。

② 可见光的镜面反射发生在物体表面，而由于X射线具有很强的穿透能力，物体表面和内部均能发生X射线衍射。

③ 对于单晶试样，当入射X射线的波长、方向以及试样取向均确定时，有可能出现任何晶面均不满足布拉格方程的情况，此时没有衍射发生。此外，也可能出现不同晶面同时满足布拉格方程的情况，从而出现不同方向上的多条衍射线，如图 4-11 所示。当X射线照射单晶试样时，恰好两个晶面的面间距与入射角均满足布拉格方程，如图 4-11 中 d_1 与 θ_1 和 d_2 与 θ_2 的情形。此时，两组晶面均能产生衍射，在两个方向上均能收集到衍射花样。

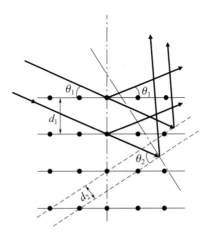

图 4-11   入射线与面间距分别为 d_1 和 d_2 的两组晶面均满足布拉格方程而同时产生衍射现象

（3）反射级数

布拉格方程［式（4-4）］中的 n 为反射级数。当波长一定的入射光以不同角度照射面间距为 d_{hkl} 的某一晶面，有可能在不同 θ 角上满足布拉格方程。此时，n 取多个整数值，即 $n=1,2,\cdots$，形成多级反射。根据布拉格方程，产生多级反射的前提是晶面间距 d_{hkl} 值足够大，使得 $2d_{hkl}\sin\theta$ 在数值上相对于入射线波长 λ 可调空间大。进而，布拉格方程［式（4-4）］不仅因满足 $n=1$ 条件而在一个低角 θ_1 上有解，也能够在更高角度上有解，如 θ_2 和 θ_3，分别对应 $n=2,3,\cdots$。相应地，相邻晶面反射光的光程差为波长的 n 倍。注意，n 不等于 0，因为当 $n=0$ 时，对应着 $\theta=0$，X 射线平行于晶面，不属于反射行为。

然而，在应用式（4-4）解析衍射谱时，会遇到一个问题：对于衍射仪法测得的衍射图谱，如何识别其中各个衍射峰所对应的反射级数呢？这里有两种情况，如果物相已知，晶胞参数和晶面信息已知，可以基于晶面间距数值，使用式（4-4）分别计算出 $n=1,2,\cdots$ 对应的衍射角，通过与实验测量得到的衍射角数值进行比较，判别各个衍射峰对应的反射级数 n。然而，对于一个未知物相，由于式（4-4）中 d_{hkl} 和 n 同步改变，表观上每个衍射峰对应的 d_{hkl} 值由于 n 的可调而都可能有多个解。因物相未知，难以判断这些 d_{hkl} 数值解所对应的晶面，更难以对相应的反射级数做出判断。值得注意的是，根据布拉格方程［式（4-4）］，衍射谱中的任意一个衍射线条所对应的 2θ 有唯一的 d_{hkl}/n 数值解。这就意味着，某衍射线条本该是实际晶面的 n 级反射，可等价为晶面间距为 d_{hkl}/n 的"晶面"的 1 级反射。此时，$n=1$ 时，该晶面是实际晶面；$n\neq1$ 时，该晶面是虚拟晶面。可见，引入虚拟晶面有利于对 X 射线衍射谱的分析，下节将进一步详细说明。

（4）衍射面和衍射指数

布拉格方程［式（4-4）］变形为

$$2\frac{d_{hkl}}{n}\sin\theta=\lambda$$

如定义 $\dfrac{d_{hkl}}{n}=d_{HKL}$，方程进一步改写为

$$2d_{HKL}\sin\theta=\lambda \tag{4-5}$$

该式为布拉格方程的另一种形式，也是分析实际获得的 X 射线衍射图谱的常用形式。

式（4-5）引入了新的晶面表达形式。为了区别于实际原子面，其指标用大写（HKL）表示，是实际原子面（hkl）的 n 级反射面，称为衍射面或衍射晶面，其中的 H、K、L 称为衍射指数（或者衍射指标）。衍射面（HKL）与实际晶面（hkl）平行，晶面间距 d_{HKL} 是实际晶面间距 d_{hkl} 的整数分之一，即存在 $H=nh$、$K=nk$ 和 $L=nl$ 关系。显然，衍射指数可以是非互质的，不同于基于密勒指数定义的实际晶面。所以，衍射面（HKL）既可以是实际晶面，也可以是虚拟晶面。

假设有一实际原子面，晶面间距为 d_{hkl}，如图 4-12 所示。X 射线沿着与晶面呈 θ_1 的角度入射，使得相邻晶面之间的光程差（$CB+BD$）等于 λ（计算方式参照图 4-8）。当继续升高角度到 θ_2，使得光程差（$EB+BF$）为 2λ。此时，假如在相邻的第一层和第二层原子面正中

间增加一个新的虚拟晶面，如图中虚线所示，计算第一层实际原子面和该层虚拟晶面之间的光程差，得到（$E_1B_1+B_1F_1$）。根据几何关系可知 $E_1B_1+B_1F_1=\lambda$，这样一来，第一层原子面和该层虚拟晶面之间的反射等效为 $n=1$ 的一级反射。以此类推，各个实际原子面对 X 射线的多级反射均可通过引入虚拟晶面而处理为一级反射。

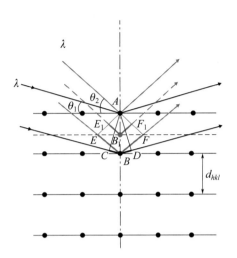

图 4-12 多级反射等效处理为一级反射（随着入射角从 θ_1 增加到 θ_2，相邻原子面之间光程差由 λ 变为 2λ，若在虚线处增加一层虚拟晶面，第一层原子面和该发射面之间的光程差为 λ，进而将 2 级反射等效为虚拟晶面的一级反射）

前面提到，衍射指数不需要和密勒指数一样要求 H、K、L 互质，允许有公约数，例如（200）和（222）等。当公约数为 1 时，衍射指数变为密勒指数。虚拟晶面，例如（200），虽然是实际晶面（100）的 2 级反射，但由于其有完全不同的晶面间距，二者不是同一个晶面。需要强调的是，和实际晶面一样，衍射面也可以通过倒易空间上的倒易矢量或者倒易点表达。而且，衍射指数 HKL 与第 3 章讲到的倒易点阵以及衍射行为之间存在紧密关联，与倒易点阵中的各阵点一一对应，而实际晶面的密勒指数不能对应到每个倒易点。衍射面的晶面间距数值上同样可以使用 3.2.2 节所描述的关系式获得，当已知晶胞参数和衍射指数，可计算出衍射面的面间距。引入衍射晶面的另一个优势是，衍射谱中所有的衍射信号均可看成是一级反射的结果，布拉格方程由式（4-4）中的两个变量 d_{hkl} 和 n 的表达形式转变为式（4-5）中一个变量 d_{HKL} 的形式，形式上的简化便于对测定的衍射图谱做快速分析。

（5）衍射极限

布拉格方程中，由于 $\sin\theta$ 不能大于 1，于是有 $\dfrac{\lambda}{2d_{HKL}}\leqslant 1$，即

$$\lambda \leqslant 2d_{HKL}，\text{或 } d_{HKL} \geqslant \frac{\lambda}{2} \tag{4-6}$$

这规定了产生衍射的极限条件。

① 使用波长一定的 X 射线照射固定不动的晶体，衍射只发生在式（4-6）所限定的有限

个衍射面上。只有晶面间距足够大，确保 $d_{HKL} \geqslant \dfrac{\lambda}{2}$ 时，才能满足布拉格方程并产生衍射。相比之下，晶面间距太小的高指数衍射面，因不满足布拉格方程，则没有机会参与衍射。这样，得到的衍射花样中的衍射线条（或者衍射斑点、衍射峰）的数目也是有限的。

② 使用不同波长 λ 的 X 射线照射点阵类型、晶胞参数、晶面间距 d_{HKL} 值均确定的晶体，衍射谱中衍射线或衍射斑点的数目随波长而变化。按照布拉格方程，λ 越小，晶体中发生衍射对衍射面的 d_{HKL} 门槛值要求越低。从 3.2.2 节中描述的晶面间距和晶面（或者衍射面）指数关系可知，低的 d_{HKL} 值对应着高的衍射指数。可见，照射晶体的 X 射线波长越短，获得高衍射指数的机会越大。高指数晶面往往具有独特的性能，例如，金属的高指数表面因其优异的催化性能而广泛应用于能源和化工等领域。为了在 X 射线衍射谱中观察到某一高指数衍射面的衍射信号，通常需要选择 λ 值小的入射光对试样做衍射分析，以满足 $\lambda \leqslant 2d_{HKL}$ 或 $d_{HKL} \geqslant \dfrac{\lambda}{2}$ 这一极限条件。为此，常以莫塞莱定律作指导，选择使用原子序数高的靶材来产生波长更短的 K_α 辐射。

4.3.3 劳厄方程和布拉格方程的比较

劳厄方程和布拉格方程奠定了晶体 X 射线衍射学的理论基础，开辟了晶体结构分析这一重要领域。二者既有共性，又有区别。相同之处如下。

① 劳厄方程和布拉格方程均能很好地解释 X 射线在三维晶体中的衍射方向问题，均强调晶体中的衍射行为具有"晶面反射"特征。基于劳厄方程的推导可知，满足劳厄方程所规定约束条件的"特定晶面"与入射波相互作用产生衍射现象，且衍射线和入射线沿晶面法线呈对称分布。而"晶面反射"是布拉格方程推导的前提和基础。

② 三维劳厄方程与布拉格方程在数学表达上是可以转换的。劳厄方程经数学演变得到布拉格方程的具体推导示例参见附录 A。

劳厄方程和布拉格方程的不同之处，体现在如下几点。

① 劳厄方程和布拉格方程分别从一维直线原子列和二维原子面的角度建立了衍射方程。劳厄方程以晶体三个轴 $\vec{a}$、$\vec{b}$、$\vec{c}$ 的方向为参考基准定义衍射方向；而布拉格方程以入射线的方向为参照定义衍射方向。

② 劳厄方程适用于一维、二维和三维原子周期排列的多种结构形式；而布拉格方程主要适用于具有晶面特征的三维晶体结构。从这个角度上讲，布拉格方程是劳厄方程的一个特例。

③ 劳厄方程以变量 H、K、L 为桥梁联系实验条件（入射角和衍射角）和晶体结构信息（晶胞参数 a、b、c），具有更为直观的 X 射线衍射物理图像，且适用于多种类型的晶体结构。但是，由于入射角和衍射角的确定依赖于晶体的三个晶轴的方向，且方程中 H、K、L 三个参量的物理意义不直观，导致劳厄方程不便于实际应用。布拉格方程以面间距 d_{HKL} 为桥梁联系衍射谱和晶体结构的基本信息，方程包含变量更少，且各变量物理意义明确，这便于对 X 射线衍射谱进行分析。

4.4 衍射矢量方程

劳厄方程和布拉格方程均强调，三维晶体中的 X 射线衍射产生于特定的晶面。进而，衍射线条或者衍射斑点的出现，必然对应着遵循一级反射的特定衍射晶面。显然，通过应用这两个著名方程解析衍射信号能获得晶面的信息。但是，关于衍射以及其与晶体结构的关系，有几个问题仍有待解决。

① 正空间中的一组平行晶面（或者衍射面）是如何与一条衍射线或一个衍射斑点相关联的？布拉格方程指出，与衍射现象直接相关的是晶体的晶面相关参量，即晶面间距。虽然布拉格方程明确给出了衍射发生对晶面间距的数值要求，但并没有解决正空间中三维方向上无限扩展的一组晶面（或者衍射面）与一个衍射斑点的对应性问题。

② X射线照射晶体，衍射花样反映的是哪方面信息？哪些因素决定衍射花样的特征（即衍射线条或衍射峰的特征）？衍射形成的物理机制到底是什么？

③ 若已知晶体中的具有特定面间距的晶面取向和X射线入射方向，能否借助各自矢量形式更直接地表达衍射方向？

上述问题能够通过引入衍射矢量方程解答。衍射矢量方程正是基于入射光矢量、衍射光矢量和倒易矢量，通过构建矢量之间的关系，最终以矢量形式解释衍射发生的方向。通过阐述倒易点与衍射斑点之间的对应性，不仅解决了衍射的方向性问题，也阐明了晶体中X射线衍射的物理本质。衍射矢量方程可以看作是布拉格方程的矢量表达形式。

4.4.1 衍射矢量方程推导

假设一束X射线在衍射面（HKL）上发生衍射，N代表衍射面的法线方向。用$\vec{s}_0$表示入射光单位矢量，用$\vec{s}$表示衍射光单位矢量，定义$\vec{s}-\vec{s}_0$为衍射矢量。根据劳厄方程，衍射线出现在入射线的晶面反射位置，如图4-13所示。

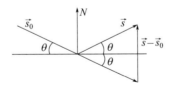

图 4-13 基于入射线单位矢量 $\vec{s}_0$ 和衍射线单位矢量 $\vec{s}$ 定义的衍射矢量 $\vec{s}-\vec{s}_0$

于是有：

① 衍射矢量的模：$|\vec{s}-\vec{s}_0|=2\sin\theta$；

② 衍射矢量 $\vec{s}-\vec{s}_0$ 必垂直于衍射面（HKL）。

假设该衍射面对应的倒易矢量为 $\vec{r}_{HKL}^*=H\vec{a}^*+K\vec{b}^*+L\vec{c}^*$。根据倒易矢量基本性质，其方向与衍射面法线方向一致，即 $\vec{r}_{HKL}^*$ 垂直于（HKL）衍射面。于是，衍射矢量 $\vec{s}-\vec{s}_0$ 平行于倒易矢量 $\vec{r}_{HKL}^*$。令

$$\vec{s}-\vec{s}_0=C\vec{r}_{HKL}^* \tag{4-7}$$

式中，C 为常数。将等式两端取绝对值，则有

$$|\vec{s}-\vec{s}_0|=2\sin\theta$$

$$|\,C\vec{r}^*\,| = C\,|\,\vec{r}^*_{HKL}\,| = \frac{C}{d_{HKL}}$$

代入式（4-7）有

$$2\sin\theta = C/d_{HKL}$$

因为衍射产生需要满足布拉格方程，于是可得 $C = \lambda$。

这样，得到了矢量表达形式

$$\vec{s} - \vec{s}_0 = \lambda \vec{r}^*_{HKL}$$

进一步改写为

$$\frac{\vec{s}}{\lambda} - \frac{\vec{s}_0}{\lambda} = \vec{r}^*_{HKL} \tag{4-8}$$

式（4-8）为衍射矢量方程。该方程明确了产生衍射时，入射光单位矢量 $\vec{s}_0$、衍射光单位矢量 $\vec{s}$ 和倒易矢量 $\vec{r}^*_{HKL}$ 之间的定量关系。由式（4-8）可知，衍射一旦发生，基于入射 X 射线和衍射 X 射线的单位矢量而定义的矢量 $\left(\dfrac{\vec{s}}{\lambda} - \dfrac{\vec{s}_0}{\lambda}\right)$，恰好等于该衍射面的倒易矢量。

4.4.2　衍射矢量方程的讨论

（1）确定衍射方向和参与衍射的衍射面

当入射 X 射线矢量 $\dfrac{\vec{s}_0}{\lambda}$ 和倒易矢量 $\vec{r}^*_{HKL}$（代表衍射面）确定，可根据衍射矢量方程 $\dfrac{\vec{s}}{\lambda} = \dfrac{\vec{s}_0}{\lambda} + \vec{r}^*_{HKL}$，判断某一 $\vec{s}$ 方向上是否发生衍射。另外，晶体中各衍射面在倒空间上均有对应的倒易矢量，长度多样，方向各异。在倒空间众多的倒易点或者倒易矢量中，到底哪个能参与衍射？显然，只有满足衍射矢量方程的倒易矢量才有机会参与衍射。图 4-14 假设有 6 个等长倒易矢量，其中只有倒易矢量 $\vec{r}^*_{H_1K_1L_1}$ 与 $\dfrac{\vec{s}}{\lambda}$ 和 $\dfrac{\vec{s}_0}{\lambda}$ 之间的矢量几何关系满足衍射矢量方程，其对应的衍射面才可能产生衍射，而其他倒易矢量因为不满足衍射矢量方程，对应的衍射面不能参与衍射。

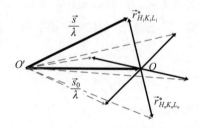

图 4-14　入射光矢量 $\vec{s}_0$、衍射光矢量 $\vec{s}$ 和多个倒易矢量 $\vec{r}^*$ 之间的关系

显然，若想确保某一衍射面发生衍射，要求其对应的倒易矢量 $\vec{r}_{HKL}^{*}$ 和 $\dfrac{\vec{s}}{\lambda}$、$\dfrac{\vec{s}_0}{\lambda}$ 之间构成一个闭合的矢量等腰三角形，如图 4-15 所示。基于图中的几何关系，有 $\sin\theta = \dfrac{|\vec{r}_{HKL}^{*}|}{2} / \dfrac{|\vec{s}_0|}{\lambda}$，要求入射（或衍射）光矢量长度 $\left|\dfrac{\vec{s}_0}{\lambda}\right|$ 不小于该倒易矢量长度的一半，即 $\left|\dfrac{\vec{s}_0}{\lambda}\right| \geqslant \left|\dfrac{\vec{r}_{HKL}^{*}}{2}\right|$。由 $\left|\dfrac{\vec{s}_0}{\lambda}\right| = \dfrac{1}{\lambda}$ 和 $\left|\dfrac{\vec{r}_{HKL}^{*}}{2}\right| = \dfrac{1}{2d_{HKL}}$，得到 $d_{HKL} \geqslant \dfrac{\lambda}{2}$。这与基于布拉格方程得到的衍射极限〔式（4-6）〕是一致的。由图 4-15 中可见，若产生衍射，除满足该极限条件外，入射光和衍射光矢量还要位于由倒易矢量和试样位置决定的平面上。

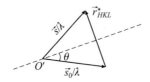

图 4-15　满足衍射矢量方程约束条件的倒易矢量 $\vec{r}_{HKL}^{*}$ 和入射光矢量 $\vec{s}_0$、
衍射光矢量 $\vec{s}$ 之间的几何关系

（2）基于倒易矢量引入倒易空间

由衍射矢量方程 $\vec{r}_{HKL}^{*} = \dfrac{\vec{s}}{\lambda} - \dfrac{\vec{s}_0}{\lambda}$ 可知，一旦产生了衍射，模同为 $1/\lambda$ 的衍射光矢量与入射光矢量相减而获得的新矢量，恰好就确定一个倒易矢量。随着倒易矢量确定，相应的倒易原点和倒易空间基本矢量确定，由此引进整个倒易空间，如图 4-16 所示。正空间试样的位置在 O' 点，倒易原点位于 O 点处。

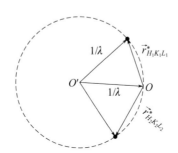

图 4-16　基于入射光矢量和两个衍射光矢量而确定的正、倒空间原点位置
以及两个倒易矢量

由于入射光矢量和衍射光矢量长度相等，均为 $1/\lambda$，当入射光矢量和试样位置 O' 确定后，以 O' 点为共同起点的衍射光矢量末端必然落到一个以入射线波长倒数 $1/\lambda$ 为半径的球面上。另一方面，对于倒易矢量而言，始于 O 点，末端可落在位于倒易空间中多个方位的倒易点上。综合上述分析，在众多倒易矢量中，只有落到以 O' 为球心、以 $1/\lambda$ 为半径的球面上的倒易点才满足衍射矢量方程，有机会参与衍射，如图 4-16 所示。

（3）衍射矢量方程与劳厄方程、布拉格方程

与布拉格方程一样，衍射矢量方程的推导也是基于衍射线在入射线相对于衍射面的反射

位置，并在推导过程中应用了布拉格方程用以确定其中的变量。衍射矢量方程与劳厄方程和布拉格方程在数学表达上也具有一致性。衍射矢量方程与劳厄方程一致性推导，见附录 B；衍射矢量方程与布拉格方程一致性推导，见附录 C。

相比于劳厄方程和布拉格方程，衍射矢量方程有效地利用了入射线的方向与波长、晶面方向与面间距，通过矢量形式更加直观地给出了衍射线的方向性，解释了晶体衍射的发生条件。更重要的是，基于衍射矢量方程发展的埃瓦尔德图解法，澄清了衍射图像的物理本质，下一节将详述该问题。

4.4.3 埃瓦尔德图解

如前面所讲，衍射矢量方程指出了晶体中产生 X 射线衍射时的入射光矢量、衍射光矢量和倒易矢量三者间的关系。只有落到半径为 $1/\lambda$ 球面上的倒易点才满足衍射矢量方程，进而有机会参与衍射。图 4-17 给出了 X 射线照射位于 O' 点试样后而引入倒易空间元素的示意图。根据 4.4.2 节所述，入射 X 射线经由试样所在位置 O' 点并穿出半径为 $1/\lambda$ 的球面并与球面相交的交点确定为倒易原点。从球心（即试样位置）到落在球面上倒易点的连线方向为衍射方向。这种基于衍射矢量方程，将正空间和倒空间元素相结合，从而确定衍射方向的图称为埃瓦尔德图（Ewald Construction）。图中半径为 $1/\lambda$ 的球称为反射球或者埃瓦尔德球。

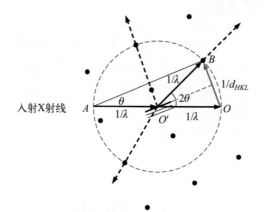

图 4-17　联系入射 X 射线、试样位置（O'）、反射球（虚线）和倒易结点（黑色实心圆点）的埃瓦尔德图
（其中，倒易原点为 O，通过连接试样与落在反射球上的倒易点，即能确定衍射方向）

　　埃瓦尔德（P. P. Ewald，1888—1985），德国物理学家和晶体学家，出生于德国柏林，在德国慕尼黑大学获得博士学位。先后在斯图加特工业大学、英国女王大学、布鲁克林纽约理工学院任教。他提出了倒易点阵的概念，从理论上详解了实验观察到的 X 射线经过晶体的衍射行为，是 X 射线衍射方法的先驱之一。为纪念他的贡献，国际晶体学会于 1986 年设立了 Ewald 奖，以表彰对晶体学有杰出贡献的学者。

埃瓦尔德图将正空间和倒空间信息直接联系起来，成功地解释了晶体 X 射线衍射的产生机理。正空间以试样所在位置为中心，包括入射线和衍射线；倒空间以倒易原点为中心，包括倒易结点、倒易矢量和衍射图像。而将正空间和倒空间以及衍射行为联系在一起的，正是反射球。

（1）埃瓦尔德图做法

① 以试样所在位置为球心，以入射 X 射线波长的倒数 $1/\lambda$ 为半径画一球。该球为反射球或埃瓦尔德球。

② X 射线经球心（试样位置）沿球的某一直径方向入射。

③ 以 X 射线穿出球面并与球面相交的那一点作为晶体倒易点阵的原点；进而结合倒易基本矢量，引入整个倒易空间。只有落到球面上的倒易点才满足衍射矢量方程，有机会产生衍射。

（2）埃瓦尔德图讨论

① 衍射图像的物理本质　图 4-18 再现了波长一定的单色 X 射线照射单晶试样产生衍射的埃瓦尔德图。图中衍射方向为连接试样位置 O' 点与落到反射球上的某一倒易点（B 点）的方向，即虚线箭头所指方向。若在衍射光路上放置一荧光屏（或者探测器）接收信号，则可得到一个衍射斑点（或衍射峰）。为便于理解衍射花样的形成，通常可粗略地将衍射斑点看作是落到反射球面上的倒易点沿着衍射方向上的投影，如图 4-18 的直观表达。但严格来讲，倒易点是倒易空间中定义空间位置的几何点，没有形状和强度特征。而衍射强度在倒易空间的分布情况，通过一个称为倒易畴（也称为选择反射区，详见 6.2.1 节，反映了材料的结构特征和衍射特征）的特定区域与反射球相截的情形来理解。倒易畴以倒易点为中心，具有衍射属性和几何形状。倒易畴基于倒易点来定位其在倒易空间中的位置。研究表明，衍射谱中衍射斑点或衍射峰的几何形状（衍射线形），反映的正是围绕倒易点的倒易畴与反射球相截的几何特征（详见第 6 章）。

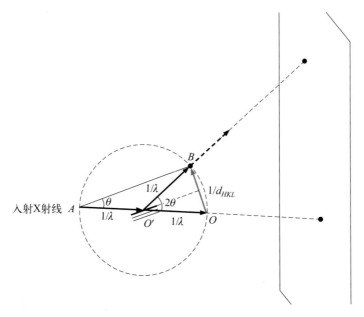

图 4-18　利用埃瓦尔德图展示衍射斑点与落在反射球上倒易点（以 B 点为例）的关系

至此，埃瓦尔德图利用衍射花样图像（如衍射斑点）与倒易点或倒易畴的关系，完美地解释了晶体中 X 射线衍射的形成机理。尤其阐明了衍射花样的物理本质是倒易畴（由倒易点衍生出的概念）与反射球的相交截面在衍射方向上的投影。因此，晶体的 X 射线衍射花样本质上不是正空间上格点的反映，而是倒易空间中以倒易点为核心的特定几何区域的投影。基于这个认识，倒空间也常被称为衍射空间。

② 确定衍射方向　如果单晶体取向已知，即三个主晶轴 [100]、[010]、[001] 的方向确定，倒易空间基本矢量的方向和大小随之确定。随着试样位置和入射线方向的确定，倒易原点和各倒易点在埃瓦尔德图中各自有明确的位置。只有落在反射球上的倒易点才有机会参与衍射，连接试样位置与这些倒易点位置确定衍射方向，解决了晶体中 X 射线衍射方向的问题。同样，也能由此判断一个衍射面是否参与衍射。此时，若晶体沿某一晶轴发生转动，倒易点则可能会偏离其在倒空间中原有的位置，致使原来因满足衍射矢量方程而落在反射球上的倒易点，由于晶体转动而脱离反射球面，造成该衍射面不再参与衍射。

③ 确定单晶体取向　如果单晶的取向未知，即三个主晶轴 [100]、[010]、[001] 方向未知，可根据入射 X 射线和衍射线的方向，绘制埃瓦尔德图，分析落在反射球上参与衍射的倒易矢量或倒易点的基本特征，获得相应的衍射面间距和方向。当获得了足够多的衍射信息，并对多个衍射峰进行解析，通过采用一定的指标化方法，如按照第 5 章介绍的衍射峰指标化方法确定衍射面的衍射指数（见 5.3.4 节），获取晶体结构信息，进而基于三个主晶轴的方向与大小判断单晶体的取向。

④ 衍射极限　当波长 λ 一定的入射线照射晶体，则埃瓦尔德图中反射球大小和倒易原点位置确定。若晶体试样固定不动，各倒易点在倒空间上也有确定的位置。此时，能够落到反射球上的倒易点，其最大倒易矢量长度为反射球的直径，即 $\frac{1}{d} \leqslant \frac{2}{\lambda}$，从而决定了衍射产生的极限条件，这一结果与基于布拉格方程和衍射矢量方程的衍射极限表达式是一致的。如果入射线波长不变，即使旋转晶体，倒易矢量长度大于 $\frac{2}{\lambda}$ 的倒易点也因无法落到反射球面上，没有机会参与衍射。为了突破该衍射极限，确保反射球以外的倒易点也有机会参与衍射，通常需要增大反射球半径，即减小入射光的波长 λ，如 4.3.2 节布拉格方程的讨论所述。具体实验方法将在下一节介绍。

4.5　埃瓦尔德图解应用：基于衍射原理的三种衍射方法

（1）劳厄法

采用单色 X 射线照射单晶试样，如果保持试样和入射线方向固定，按照埃瓦尔德图解法引入反射球和众多倒易点。这种情况下，离散的倒易点与该反射球相交的概率较低，同样，产生衍射的概率较低。为增加反射球和倒易点相交的概率，劳厄法中采用连续 X 射线照射晶体。相应地，反射球半径也随波长变化在一定尺度上连续可调，如图 4-19 所示。此时，反射球不再是一个没有厚度的球面，而是具有一定厚度的壳体，半径从 $1/\lambda_1 \sim 1/\lambda_2$ 连续变化。这样，凡是落在这个壳体内的倒易点均有机会与反射球相交，从而提高获得衍射花样的概率。

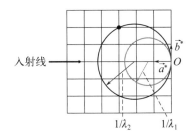

图 4-19　劳厄法获得衍射花样

（黑色网格交点代表了以 O 为倒易原点的倒易点阵，小圆和大圆分别代表波长为 λ_1 和 λ_2 的
X 射线入射时的反射球，凡是落在这两个球面之间的倒易点都有机会参与衍射）

（2）周转晶体法

当采用单色 X 射线照射单晶试样时，为了获得更多的衍射花样，也常采用晶体绕某旋转轴转动的方法提高倒易点与反射球相交概率，该方法称为周转晶体法，也称为转晶法。该方法中入射线以一定方向照射晶体，晶体位置固定但绕某一旋转轴转动。这样，在埃瓦尔德图中，反射球位置固定，而倒易点则同样绕一过倒易原点的旋转轴转动。假设旋转轴与入射线方向垂直，如图 4-20 所示，处在与旋转轴垂直的同一倒易结点平面（例如图中 $n=0,1,2$ 对应的平面）上的倒易点，旋转后也以同心圆的形式出现在同一个平面上。其中某些倒易点（例如 $n=0$ 平面上，倒易矢量长度不超过 $2/\lambda$ 的倒易点）随着晶体旋转依次穿过反射球，与反射球面相交的结点也处于同一水平面的圆周上，如反射球面上黑实线所示。于是，该平面满足衍射条件的倒易点产生的衍射光矢量必定从反射球心（O' 点）出发并终止于这个圆周，也就是同一倒易结点平面上的倒易点经旋转后与反射球的交点和 O' 点相连形成具有圆锥面特征的离散衍射光束。以此类推，不同平面上的倒易点形成的衍射光束则分别位于多个圆锥面上。若此时用一张以旋转轴为轴的圆筒形底片将试样围起来接收衍射信息，底片上记录的衍射斑点构成层线。

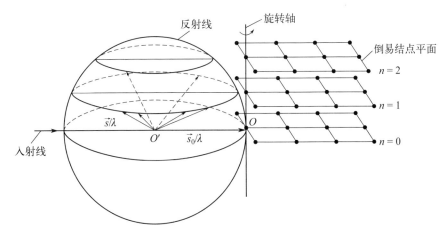

图 4-20　利用周转晶体法获得单晶 X 射线衍射花样

（3）粉末法

应用单色 X 射线照射晶体获得衍射花样，最广泛使用的方法是粉末法。该方法由荷兰著

名化学家德拜（P. J. W. Debye）和谢乐（P. Scherrer）于 1916 年创建，通过对多晶块体材料或者经研磨细化为粉末的多晶试样进行 X 射线衍射分析，得到的衍射花样信息更加丰富。粉末法获得衍射图像的基本原理如下所述。试样由大量的微小晶粒组成，晶粒取向任意，晶粒中各衍射面朝向各方向概率均等，此时，在 X 射线的照射下不同晶粒中的同一衍射面所对应的众多倒易点，形成以倒易原点为球心、以相同倒易矢量长度为半径的球面，该球称为倒易球。显然，从单晶到多晶，众多具有等长倒易矢量的倒易点会聚成一个倒易球面或者倒易球壳。倒易球的形成提高了与反射球相交的概率，从而有更多机会得到衍射花样。一个晶面族内各晶面对应的倒易点因为有等长的倒易矢量，都会落到同一个倒易球上，因此，每一个倒易球都是由同一晶面族衍射面的倒易点构成。

图 4-21 展现了 X 射线照射到两个取向不同晶粒时，同一衍射面所对应的两个倒易点在埃瓦尔德图中的关联情形。正空间中两晶粒都位于图中 O' 点位置，在图它们具有相同的倒易原点，即入射线经过 O' 点穿出球面的交点 O。由于晶粒取向不同，各自对应的倒易点阵取向亦不同。假设其中一个晶粒的倒易点阵处于黑实线交点位置，另一个晶粒的倒易点阵处于虚线交点所示位置，由于二者的点阵结构完全相同，两套倒易点阵可以看成彼此绕 O 点旋转一定角度而成。对于两个晶粒中的某一衍射面（HKL）而言，必然有完全相同的晶面间距，在图 4-21 中表现为具有相同的倒易矢量长度，但方向不同，如图中黑点所示。

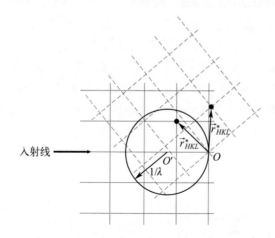

图 4-21　取向不同的两个晶粒的两套倒易点阵与埃瓦尔德球面相交情况
（黑点代表两个晶粒中同一衍射面的倒易点）

随着晶粒进一步细化，与 X 射线相作用的晶粒数量增加，每个晶粒中的该（HKL）衍射面所对应的倒易点由于具有相同的倒易原点和倒易矢量长度，则倒易矢量末端（倒易点）均落在以 O 点为球心、同等倒易矢量长度为半径的球面上，如图 4-22 中以 O 点为球心的球面所示，此球即为倒易球。当晶粒数量继续增加到无限多时，对取向任意的各小晶粒中的该（HKL）衍射面来说，其倒易矢量在倒空间中朝向各个方向。于是，这些倒易矢量等长的倒易点就均匀地分布在以 $1/d_{HKL}$ 为半径的倒易球面上。显然，若要使得该倒易球面完整封闭，需要受 X 射线照射的晶粒数量足够多。若晶粒数量有限，则该倒易球面的完整性差。由以上分析可知，随着试样由单晶变为粉末多晶，埃瓦尔德图上每一个倒易点终将形成一个倒易球面。由单晶的离散倒易点变为粉末多晶的倒易球，最大限度地提高了埃瓦尔德图解中与反射球相交的概率，有利于获得信息更为丰富的衍射花样。

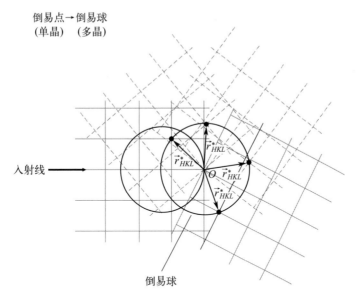

图 4-22　四个取向不同的晶粒中同一衍射面所对应的倒易点（黑实点）在埃瓦尔德图中同一球面上的分布

　　X 射线衍射粉末多晶法的埃瓦尔德图解中，反射球与任一倒易球相交后，可得到一圆形交线。既然圆上的倒易点也都在反射球上，其必然满足布拉格方程或衍射矢量方程，因此均能够参与衍射，衍射方向就是连线试样位置 O' 点与该交线圆的方向。由此得到的圆锥面，称为衍射圆锥，如图 4-23 所示。已知入射线与衍射线夹角为 2θ，该圆锥的锥角因由两个 2θ 构成，则为 4θ。

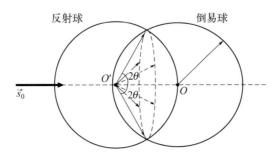

图 4-23　粉末多晶试样的 X 射线衍射中反射球与某一倒易球相交获得衍射圆锥

　　随着 X 射线照射的试样由单晶变为多晶，埃瓦尔德图中代表每一个晶面的倒易点都形成一个倒易球面。由于存在不同半径的倒易球，反射球有可能同时与多个倒易球面相交，则形成一系列锥角不同的衍射圆锥。这些圆锥具有相同顶点和同一旋转轴，最终构成多层嵌套结构，如图 4-24。若用探测器或者具有一定宽度的环形底片绕试样一周接收衍射信号，则探测器或底片均可截取并收到各个衍射圆锥的信号。当使用环形底片时，因为是在围绕样品的 $360°$ 范围内接收信号，底片可以在 $0°\sim180°$ 和 $180°\sim360°$ 的角度内同时与同一锥面相交，形成对称的交线。这样在底片上形成多对呈对称分布的线条，如图 4-1（a）中所示的一系列衍射线条。若用衍射仪时，扫描角度在 $0°\sim180°$ 范围内探测器与衍射圆锥相交，在多个衍射角上可获得系列衍射峰，如图 4-1（b）所示的衍射结果。

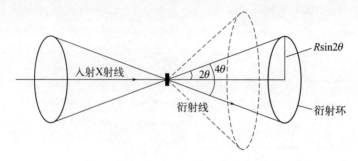

图 4-24　粉末多晶法中多个倒易球与反射球相交后形成的嵌套衍射圆锥结构

习题与思考题

4-1　劳厄衍射理论和布拉格衍射理论分别如何定义衍射方向？参照物是什么？

4-2　劳厄方程、布拉格方程和衍射矢量方程所描述的衍射条件分别是什么？相互间的内在关系是什么？

4-3　说明用埃瓦尔德图解法描述衍射的必要条件。绘制埃瓦尔德图，并说明基于埃瓦尔德图如何解释材料 X 射线衍射斑点与倒易点的关系。

4-4　什么是衍射面和衍射指数？与实际晶面有什么区别？引入衍射面的意义是什么？劳厄方程中参量 H、K、L 的物理含义是什么？

4-5　基于埃瓦尔德图解释粉末多晶衍射法中，倒易球和衍射圆锥的形成机理是什么？

4-6　如何理解晶体 X 射线衍射的衍射极限？

4-7　X 射线照射单晶与粉末多晶，二者体现在倒易空间上有什么区别？

4-8　使用 X 射线照射单层二维材料，如石墨烯，能否产生衍射？

4-9　一维原子点阵中（见图 4-2），O 点原子与非相邻原子间的光程差是多少？

4-10　一维原子点阵中（见图 4-3），如要保证 H 有多个解，需要满足什么条件？

4-11　如何证明晶体中的 X 射线衍射行为遵循晶面反射的规律？

4-12　石墨和金刚石都是碳元素组成的，如何用 X 射线衍射方法鉴别它们？

4-13　面心立方晶体，$a=0.405Å$，用 Cu-K$_\alpha$（$\lambda=1.54Å$）X 射线照射，问（200）衍射线在衍射谱哪个位置出现？

4-14　对比说明布拉格方程表达形式 $2d\sin\theta=\lambda$ 与 $2d\sin\theta=n\lambda$ 在分析材料 X 射线衍射谱中的优劣性，并解释由 $2d\sin\theta=\lambda$ 变为 $2d\sin\theta=n\lambda$ 的合理性和优势。

4-15　X 射线衍射分析中，使用布拉格方程的这种表达形式 $2d\sin\theta=n\lambda$ 计算 d 时，不知道 n 怎么确定，一般做法是取 1，请问为什么一般要取 1，而不是 2、3、4 等？

4-16　面心立方晶体（Al），$a=0.405nm$，用 Cu-K$_\alpha$（$\lambda=1.54Å$）X 射线照射，问能否

使（440）面产生衍射？要使某个晶体的衍射数量增加，选长波的 X 射线还是短波的？说明理由。

4-17　一体心立方晶胞参数为 0.3265nm，使用 Cu-K$_\alpha$（$\lambda=1.54\text{Å}$），衍射峰的最高衍射指标（最高衍射指标是指 $H^2+K^2+L^2$ 为最大的衍射指标）能到多少？

4-18　粉末多晶 X 射线衍射中，X 射线照射到的 $\{HKL\}$ 晶面族的晶面（或者衍射面）如何贡献到相应倒易球？

4-19　为了使晶体某一特定衍射面的衍射角更大，应选择原子序数更大还是更小的靶材？为什么？

4-20　基于埃瓦尔德图说明使用粉末多晶衍射法获得 X 射线衍射谱的优势以及基本原理。

第 5 章

X 射线衍射强度

X 射线衍射谱的另一基本要素是衍射强度。本章要解决的问题是，为什么衍射谱中衍射峰强度会出现高低之分？为什么一些衍射面尽管满足布拉格方程却没有出现衍射峰？这些"奇异"现象背后其实是衍射强度问题。小布拉格最早成功地解释了单晶中原子排列方式与衍射斑点强度之间的定量关系。如果说决定晶体 X 射线衍射方向的因素包括晶胞大小、点阵类型、晶胞位向和衍射面信息等因素，那么决定 X 射线衍射强度的因素则会涉及晶胞内的原子种类、原子坐标位置、晶面属性、吸收系数和晶体内的结构缺陷以及温度等因素。本章重点内容是晶胞的散射能力，核心是 X 射线衍射强度消光理论。第 4 章讲述的衍射矢量方程是消光理论的重要支撑。

5.1 一个电子对 X 射线的散射

晶体对 X 射线的散射主要来自电子，相比之下，原子核对 X 射线的散射弱很多。本章首先介绍一个电子对 X 射线的散射能力，在此基础上介绍空间尺度更大的原子、晶胞、小晶粒和多晶的散射能力。

普通 X 射线源发出的 X 射线是非偏振的。假设一束强度为 I_0 的非偏振入射 X 射线沿 OY 方向传播，见图 5-1。X 射线在 O 点与一紧束缚电子碰撞，该电子在 X 射线电场作用下产生强迫振动，向四周发射与入射 X 射线频率相同的电磁波，被电子散射的 X 射线强度遵循经典电动力学的汤姆逊（J. J. Thomson）公式，即在 O 点以外 P 点处（$OP = R$，OY 与 OP 夹角 2θ）的散射强度为

$$I_{e-P} = I_0 \frac{e^4}{(4\pi\varepsilon_0)^2 m^2 C^4 R^2} \times \frac{1+\cos^2 2\theta}{2} \tag{5-1}$$

式中 ε_0——真空介电常数，$8.854 \times 10^{-12} \text{F/m}$；

e——电子电荷，$1.602 \times 10^{-19} \text{C}$；

R——任意观测点 P 点到电子所在位置 O 点的距离，m；

m——电子质量，$9.107 \times 10^{-31} \text{kg}$；

C——光速，$2.998 \times 10^8 \text{m/s}$。

这是非偏振 X 射线汤姆逊散射公式。由式（5-1）可知，一束 X 射线经电子散射后，其散

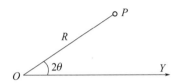

图 5-1 沿 OY 传播的非偏振 X 射线在 O 点与一个电子碰撞后，求解 P 点强度

射强度在各个方向上不同。也就是说，一束非偏振 X 射线经电子散射后散射强度偏振化了，$\dfrac{1+\cos^2 2\theta}{2}$ 是偏振因子，也称为极化因子。偏振化程度取决于 2θ 角。在沿 X 射线入射方向 OY 上的散射强度（$2\theta=0$ 或 $2\theta=\pi$ 时）比垂直原入射方向的散射强度（$2\theta=\pi/2$ 时）大一倍。

下面讨论一个电子对 X 射线的散射本领。假设 $OP=R=1$，则有

$$\frac{I_e}{I_0}=\left(\frac{e^2}{4\pi\varepsilon_0 mC^2}\right)^2\times\frac{1+\cos^2 2\theta}{2} \tag{5-2}$$

式中，$\dfrac{e^2}{4\pi\varepsilon_0 mC^2}$ 为经典电子半径 r_e，数值在 10^{-15} m 数量级范围。式（5-2）表明，X 射线经电子弹性散射后，散射光强度相对于入射光强度，散射光强度的数值在 10^{-30} 数量级上，微乎其微。可以想象，若要形成能观测到的散射效果，需要来自大量电子参与的散射波或非常长时间的探测。

5.2 一个原子对 X 射线的散射

原子由原子核和核外电子构成，原子核的质量远大于电子质量（例如，最轻的原子核——质子的质量是电子质量的 1836 倍），而携带的电荷量与电子相同。这样一来，原子核对 X 射线的散射强度比电子散射小很多，可忽略。也就是说，原子中只有电子才是有效的散射体。

5.2.1 原子散射因子

为表示一个原子对 X 射线的散射能力，定义原子散射因子 f，它是原子内各个电子产生的散射波相互作用的综合表现，定义为

$$f=\frac{A_a}{A_e} \tag{5-3}$$

式中 A_a——一个原子的散射振幅；

A_e——一个电子的散射振幅。

由于光的强度 I 正比于振幅 A 的平方，有一个原子的散射强度 $I_a=f^2 I_e$。

对于一个有 Z 个电子的原子：

① 若所有电子集中在一点，则各个电子散射波之间不存在相位差，那么该原子的散射能够看成 Z 个电子散射波的简单叠加，$f=Z$。

② 实际情况中，电子分布在原子核外空间，不同位置上电子的散射波存在相位差，由于 X 射线波长与原子尺度处于同一数量级，这个相位差不能忽略，导致 $f < Z$。

5.2.2　原子散射因子的讨论

（1）原子散射因子 f 与原子序数 Z 有关

Z 值越大，一个原子包含的电子数越多，对 X 射线的散射能力越强，f 值整体越高，如图 5-2 所示。

（2）原子散射因子 f 与散射角和波长有关

图 5-2 给出了 f 随组合参数 $\sin\theta/\lambda$ 的变化规律。第 4 章已经阐明，X 射线与物质作用得到的衍射图像是倒空间上围绕某些倒易点的映像。因此，在倒空间中探讨 X 射线的散射能力对衍射效果的理解是非常有必要的。参数 $\sin\theta/\lambda$ 本质上正是倒空间中描述空间位置的一个连续变量，与倒空间中称为波数（或波矢，数值为 $4\pi\sin\theta/\lambda$）具有相似的形式和相同量纲（相关内容在 6.4 节中介绍）。同样，该组合参量也与满足布拉格方程的倒易矢量（或称倒格矢）长度（$|\vec{r}^*_{HKL}| = \dfrac{1}{d_{HKL}} = 2\sin\theta/\lambda$）有相似表达形式。基于上述分析可知，图 5-2 所描述的是原子散射因子以倒空间中位置参量为自变量的函数变化规律。

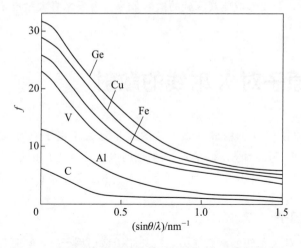

图 5-2　几种元素的原子散射因子随 $\sin\theta/\lambda$ 的变化曲线

图 5-2 表明，当 λ 一定，入射角度越高，f 越小。当散射角接近 $0°$ 时，f 趋近于原子序数 Z，近似于原子中的电子数，这时散射强度接近 $Z^2 I_e$。一般来讲，在晶体的 X 射线衍射谱中，衍射峰强度整体上随衍射角增加呈降低趋势，很大程度上源于原子散射因子随角度增加而降低。另一方面，图 5-2 也表明，在同一角度下，散射强度与所使用的 X 射线波长有关。使用的 X 射线波长越短，f 越小，散射能力越弱。这是晶体衍射强度随 X 射线波长减小而降低的原因之一（见本章 5.5 节）。

（3）　X 射线衍射分析的短板

轻元素如 H 和 He 等原子具有较少电子，这类原子对 X 射线的散射能力较弱，所以在包含轻元素的晶体中，轻元素对 X 射线的散射贡献难以体现在测量的衍射谱中。即使通过衍射谱的分析和精修，也难以鉴别轻元素在材料结构中的占位和数量。为了弥补 X 射线衍射技术的这一短板，通常需要配合中子衍射进行晶体结构中轻元素的分析，因为中子散射主体是原子核，且不同原子核的散射强度并不随原子序数单调变化。图 5-3 对比了不同原子对 X 射线和中子的散射能力。可以看到，原子对 X 射线的散射能力随原子序数增加而提高，相比之下，原子对中子的散射能力主要取决于原子核，故可辨别原子序数相近的原子，但与原子序数没有确定的关系。

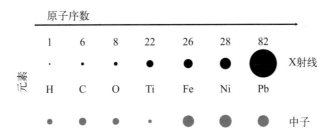

图 5-3　不同原子对 X 射线和中子的散射能力对照图（圆大小代表散射能力）

（4）f 的色散修正

当入射 X 射线波长接近物质的某一吸收限时，例如 λ_K 时，f 值就会出现明显的波动，类似于图 2-14 所示的吸收系数的变化，称为反常散射效应。在这种情况下，f 明显低于正常值，需要对 f 值进行色散修正。修正参数 Δf 与 λ/λ_K 的数值关系，能够在国际 X 射线晶体学表中查询。

5.3　一个晶胞对 X 射线的散射

一个晶胞对 X 射线的散射，实质上是一个晶胞内各个衍射面对 X 射线的散射。图 5-4 给出一个晶胞散射的示意图，衍射发生在（200）衍射面上。晶胞对 X 射线的散射涉及晶胞内

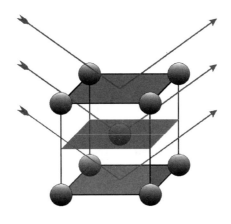

图 5-4　X 射线在某衍射面（以典型体心立方晶胞为例）上的散射

的原子数目、原子占位以及原子的类型。不同点阵类型的晶胞对 X 射线散射表现出不同散射特征，下面就简单点阵、带心点阵以及复杂晶胞结构进行介绍。

5.3.1　简单点阵和带心点阵的散射

简单点阵中阵点由同一类原子组成，每个晶胞只在顶角上有一个原子，一个晶胞只包含一个原子。于是，简单点阵中一个晶胞的散射能力相当于一个原子的散射能力，所有满足布拉格方程的衍射面均能产生衍射。

对于复杂点阵例如带心点阵，情况则完全不同。带心点阵的一个晶胞中含有多个同类或不同类的原子，它们除占据晶胞的顶角位置外，还可能出现在体心、面心或其他位置。带心点阵可看成由几类等同点构成的简单点阵嵌套而成。带心点阵中，一个晶胞的散射波振幅是晶胞中每个原子（代表一套简单点阵）散射波的合成振幅，每个简单点阵发出的衍射线在相同方向上会相互作用。晶胞中代表每一套简单点阵的原子所在位置不同，使得散射波间存在一定的周相差，从而可能造成某些方向的衍射线强度加强，而另一些方向的衍射线强度减弱甚至消失。这种情况下，即使某一衍射面满足布拉格方程，但由于衍射强度抵消，也不能形成衍射。这种复杂晶胞中某衍射面虽满足布拉格方程但因衍射强度降为零而导致衍射线消失的现象，称为消光。

假设一个复杂晶胞由两套简单点阵构成，如图 5-5 所示。O 点原子代表顶点位置的一套简单点阵，同时取为坐标原点；另外一套简单点阵由 A 点原子代表。于是，OA 矢量坐标写为 $\overrightarrow{OA}=\vec{r_j}=x_j\vec{a}+y_j\vec{b}+z_j\vec{c}$。式中，$\vec{a}$、$\vec{b}$、$\vec{c}$ 为晶体单位平移矢量；x_j、y_j、z_j 为晶胞中 A 点原子的位置坐标。

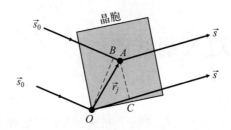

图 5-5　入射和衍射 X 射线单位矢量经过由两套简单点阵构成的复杂晶胞情况
（O 点原子代表顶点原子点阵，A 点原子代表晶胞内另一套原子点阵）

假设 X 射线沿某一方向照射试样并形成衍射，$\vec{s_0}$ 为入射线单位矢量，$\vec{s}$ 为衍射光单位矢量。下面计算 X 射线经过 O 点原子与 A 点原子的总光程差。由 O 点向过 A 点的入射线引垂线，交于 B 点，则 AB 为入射光路上的光程差。同理，从 A 点向由 O 点发出的衍射线引垂线，交于 C 点，则 OC 为衍射光路上的光程差。于是，经过 O 点和 A 点原子的总光程差为

$$\Delta_j=OC-AB=\vec{r_j}\cdot\vec{s}-\vec{r_j}\cdot\vec{s_0}=\vec{r_j}\cdot(\vec{s}-\vec{s_0}) \tag{5-4}$$

式中，$\vec{s}$、$\vec{s_0}$ 为衍射线、入射线方向上的单位矢量。

5.3.2　带心点阵消光规律的定性分析

若复杂晶胞中阵点上的原子均为同类原子，具有相同的原子散射因子，相应地有相同的

散射振幅。一旦产生衍射，式（5-4）中经 O 点原子和 A 点原子的光程差为波长的整数倍

$$\Delta_j = \vec{r}_j \cdot (\vec{s} - \vec{s}_0) = n\lambda \tag{5-5}$$

式中，n 为整数。改写式（5-5），得到

$$\vec{r}_j \cdot \frac{\vec{s} - \vec{s}_0}{\lambda} = n \tag{5-6}$$

第 4 章讲述了衍射基本原理，其中劳厄方程和布拉格方程均指出，若三维晶体中发生衍射，势必有一特定衍射面（HKL）参与，且衍射线和入射线相对于该晶面对称。进而，衍射矢量方程规定了发生衍射所需的矢量条件，即入射光单位矢量 $\vec{s}_0$、衍射光单位矢量 $\vec{s}$ 和该衍射面的倒易矢量 $\vec{r}^*_{HKL}$ 需要满足 $\dfrac{\vec{s} - \vec{s}_0}{\lambda} = \vec{r}^*_{HKL}$ 这一定量关联。将该衍射矢量方程代入式（5-6），得到由同类原子构成的复杂晶胞中衍射面（HKL）发生衍射要满足的另一条件

$$\vec{r}_j \cdot \vec{r}^*_{HKL} = n \tag{5-7}$$

结合

$$\begin{cases} \vec{r}_j = x\vec{a} + y\vec{b} + z\vec{c} \\ \vec{r}^*_{HKL} = H\vec{a}^* + K\vec{b}^* + L\vec{c}^* \end{cases}$$

式（5-7）变为

$$\vec{r}_j \cdot \vec{r}^*_{HKL} = Hx + Ky + Lz = n \tag{5-8}$$

因此，当 X 射线照射一个复杂晶胞，晶胞中某一衍射面若要产生衍射，除了需要满足衍射矢量方程或者布拉格方程，还需满足式（5-8）所规定的光程差整倍数条件。只有这样，晶胞中各自代表一套简单点阵的非原点原子产生的散射光，才能与原点原子产生的散射光相互干涉加强而产生衍射。接下来，应用式（5-8）对由同类原子构成的两个典型复杂带心点阵的消光规律进行定性分析。

（1）体心立方点阵

原点原子以外的另一原子坐标为 $\left(\dfrac{1}{2}, \dfrac{1}{2}, \dfrac{1}{2}\right)$，即式（5-8）中的三个位置参量为 $x = y = z = \dfrac{1}{2}$。将其代入方程，得到产生衍射时，衍射指数需要满足的条件

$$\frac{1}{2}(H + K + L) = 整数$$

这样，只有 $H + K + L$ 为偶数的衍射面如（110）、（200）、（211）等才能产生衍射，而 $H + K + L$ 为奇数的衍射面因为不满足上述条件，即使满足布拉格方程也不能产生衍射。

（2）面心立方点阵

除原点处原子外，还有三个原子，其坐标分别为：$\left(\dfrac{1}{2}, \dfrac{1}{2}, 0\right)$、$\left(\dfrac{1}{2}, 0, \dfrac{1}{2}\right)$ 和 $\left(0, \dfrac{1}{2}, \dfrac{1}{2}\right)$。

代入式（5-8），得到产生衍射需要满足的条件为

$$\left.\begin{array}{c} \dfrac{1}{2}(H+K) \\[2mm] \dfrac{1}{2}(K+L) \\[2mm] \dfrac{1}{2}(H+L) \end{array}\right\}=整数$$

这样，只有 H、K、L 均为奇数或偶数的衍射面如（111）、（200）、（220）等才能产生衍射。

以上的定性讨论是针对复杂晶胞中阵点原子是同类原子的情况。如果晶胞中具有异类原子，按照原子散射因子的定义，代表每一套简单点阵的原子发出的散射波，其振幅会有所不同。这种情况下仅仅基于光程差的差异不能准确描述消光规律，这就需要通过考虑各类原子实际的散射因子而对晶胞的 X 射线散射能力做定量分析。为此，定义了一个表征晶胞对 X 射线散射能力的重要参量——结构因子。

5.3.3 带心点阵消光规律的定量分析：结构因子

为定量表征一个晶胞对 X 射线的散射能力，与原子散射因子类似，使用晶胞的散射振幅定义结构因子或结构因数

$$F_{HKL}=\frac{A_b}{A_e} \tag{5-9}$$

式中 A_b——晶胞内代表不同简单晶格的原子的散射波振幅的矢量叠加；

A_e——一个电子的相干散射振幅。

简单点阵的晶胞只有一个原子，其结构因子就是原子散射因子。而对于复杂点阵，一个晶胞包含不止一个原子，且原子种类可能不同，晶胞内不同原子相干散射波之间的周相差与产生衍射的衍射面（HKL）属性相关。于是，晶胞的结构因子在数值上与具体的衍射面相关，详解如下。

5.3.3.1 结构因子推导

假设晶胞中含有 n 个原子，各原子占据不同的坐标位置，X 射线散射波振幅和相位各不相同。晶胞内所有原子的 X 射线相干散射振幅的复合波振幅为

$$A_b=A_e(f_1e^{i\phi_1}+f_2e^{i\phi_2}+\cdots+f_ne^{i\phi_n})=A_e\sum_{j=1}^{n}f_je^{i\phi_j} \tag{5-10}$$

式中 n——晶胞中的原子数；

f_j——晶胞中第 j 个原子的散射因子；

ϕ_j——非原点 j 原子与原点原子之间散射波周相差。

于是，利用式（5-9）中结构因子 F_{HKL} 的定义，进一步表示为

$$F_{HKL}=\sum_{j=1}^{n}f_je^{i\phi_j} \tag{5-11}$$

图 5-6 给出了复杂晶胞中基于原子相干散射振幅矢量叠加而得到的结构因子表达式示意图。定量地讲，式（5-11）中，周相差数值上取决于光程差，$\phi_j = 2\pi\dfrac{\Delta_j}{\lambda}$，$\Delta_j$ 为经过非原点 j 原子和原点原子的光程差。基于入射光单位矢量和衍射光单位矢量，可按式（5-4）计算出光程差，即 $\Delta_j = \vec{r}_j \cdot (\vec{s} - \vec{s}_0)$。于是，得到周相差

$$\phi_j = 2\pi\frac{\vec{r}_j \cdot (\vec{s} - \vec{s}_0)}{\lambda} \tag{5-12}$$

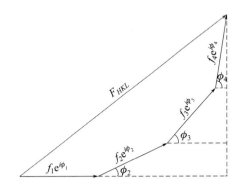

图 5-6　由原子相干散射振幅矢量叠加得到结构因子
（即衍射强度的振幅-位相图解法）

对于晶胞中任一衍射面（HKL），结合第 4 章衍射矢量方程所指出的，晶体中发生衍射需要满足 $\dfrac{\vec{s} - \vec{s}_0}{\lambda} = \vec{r}_{HKL}^*$ 这一基本条件。将衍射矢量方程代入式（5-12），于是得到在衍射面（HKL）上发生衍射时，X 射线经非原点原子和原点原子的周相差

$$\phi_j = 2\pi\vec{r}_j \cdot \vec{r}_{HKL}^* = 2\pi(Hx_j + Ky_j + Lz_j) \tag{5-13}$$

将式（5-13）代入式（5-11），并应用欧拉方程 $e^{i\phi} = \cos\phi + i\sin\phi$，得到

$$F_{HKL} = \sum f_j\big[\cos 2\pi(Hx_j + Ky_j + Lz_j) + i\sin 2\pi(Hx_j + Ky_j + Lz_j)\big] \tag{5-14}$$

式中　x、y、z——晶胞内代表不同套简单点阵的原子位置坐标数值；

　　　H、K、L——衍射指数。

式（5-14）为结构因子的表达式，反映一个晶胞中各个衍射面对 X 射线的散射能力。

由于 X 射线散射波的强度正比于散射波振幅的平方，进而，一个晶胞的 X 射线散射强度表示为

$$I_b = |F_{HKL}|^2 I_e \tag{5-15}$$

其中

$$|F_{HKL}|^2 = \Big[\sum_{j=1}^{n} f_j \cos 2\pi(Hx_j + Ky_j + Lz_j)\Big]^2 +$$
$$\Big[\sum_{j=1}^{n} f_j \sin 2\pi(Hx_j + Ky_j + Lz_j)\Big]^2 \tag{5-16}$$

5.3.3.2 $|F_{HKL}|^2$ 的讨论

（1）$|F_{HKL}|^2$ 的物理意义

基于式（5-11）～式（5-13），晶胞结构因子的矢量表达形式为

$$F_{HKL} = \sum_{j=1}^{n} f_j e^{i2\pi \vec{r_j} \cdot \frac{\vec{s}-\vec{s_0}}{\lambda}}$$

当 X 射线在衍射面（HKL）上满足布拉格方程时，上式进一步演变为

$$F_{HKL} = \sum_{j=1}^{n} f_j e^{i2\pi \vec{r_j} \cdot \vec{r}^*_{HKL}} \tag{5-17}$$

就某一具体晶体而言，其点阵类型和晶胞内各个原子的种类和位置确定，相应地，式（5-17）中 f_j 和 $\vec{r_j}$ 确定。这样，F_{HKL} 就是以倒易矢量 $\vec{r}^*_{HKL}$ 为自变量的函数，是倒空间中表达一个晶胞中的衍射面（即倒易点）对 X 射线散射本领强弱的参量，与原子散射因子具有相似属性。

计算晶胞结构因子的这一思路和做法亦可拓展到非晶材料。非晶材料中原子缺乏长程有序排列，不存在晶面，此时，倒易矢量由描述倒空间位置的连续变量 $\frac{\vec{s}-\vec{s_0}}{\lambda}$ 表达，由此建立非晶材料结构因子的数学表达式，并从中提炼出非晶材料的干涉函数。进而对干涉函数做傅里叶逆变换能获得非晶材料在正空间中的结构信息，详见第 6 章 6.4 节。利用此关系，通过对实验测量得到的干涉函数做傅里叶逆变换分析，是当前获得非晶材料结构信息的基本手段（详见 6.4 节）。

（2）几类带心点阵的结构因子

复杂晶胞中由于结构因子 $|F_{HKL}|^2 = 0$ 而导致衍射线强度消失的现象称为系统消光，包括点阵消光和结构消光。下面以立方晶系为例，展示消光基本规律。

① 点阵消光　点阵消光包含简单、体心、面心和底心点阵的消光规律，阵点由同类原子构成。

a. 简单点阵　简单点阵的单位晶胞只包含一个阵点（原子），原子散射因子为 f_a。因而，一个晶胞的散射因子等同于一个原子的散射因子，$|F_{HKL}|^2 = f_a^2$，与衍射指数 H、K、L 的取值无关，不存在消光情况。衍射面只要满足布拉格方程，就能够产生衍射。

b. 体心点阵　体心点阵（bcc）的单位晶胞中有 2 个原子，其位置坐标分别为（0,0,0）和 $\left(\frac{1}{2}, \frac{1}{2}, \frac{1}{2}\right)$。原子散射因子均为 f_a，代入式（5-16）简化后有

$$
\begin{aligned}
|F_{HKL}|^2 &= f_a^2 \left[\cos 2\pi(0H+0K+0L) + \cos 2\pi\left(\frac{H}{2}+\frac{K}{2}+\frac{L}{2}\right)\right]^2 \\
&\quad + f_a^2 \left[\sin 2\pi(0H+0K+0L) + \sin 2\pi\left(\frac{H}{2}+\frac{K}{2}+\frac{L}{2}\right)\right]^2 \\
&= f_a^2 [1 + \cos\pi(H+K+L)]^2
\end{aligned}
\tag{5-18}
$$

当 $H+K+L=$ 偶数时，$|F_{HKL}|^2 = 4f_a^2$；

当 $H+K+L=$ 奇数时，$|F_{HKL}|^2=0$。

可见，对于体心立方点阵，只有 $H+K+L$ 为偶数的衍射面产生一定的衍射强度，从而表现出衍射效果，这样的衍射面有（110）、（200）、（211）、（220）等。而 $H+K+L$ 为奇数的衍射面，因为 $|F_{HKL}|^2=0$ 导致衍射线强度为零，不产生衍射，表现明显的消光行为，这样的衍射面有（100）、（111）、（210）等。图 5-7 以体心立方铁 Fe 为例显示 X 射线衍射中的消光规律。

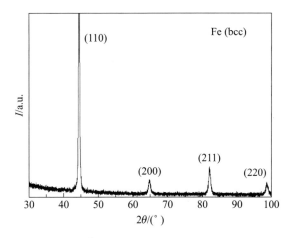

图 5-7 采用衍射仪法和波长为 1.54Å 的 X 射线照射体心立方结构 Fe 多晶试样获得的衍射图谱，衍射峰全部为 $H+K+L$ 为偶数的衍射面

c. 面心点阵 面心点阵（fcc）的单位晶胞中有 4 个原子，其坐标分别为（0，0，0）、$\left(0,\dfrac{1}{2},\dfrac{1}{2}\right)$、$\left(\dfrac{1}{2},0,\dfrac{1}{2}\right)$ 和 $\left(\dfrac{1}{2},\dfrac{1}{2},0\right)$。原子散射因子均为 f_a，代入式（5-16）简化后有

$$|F_{HKL}|^2=f_a^2[1+\cos\pi(H+K)+\cos\pi(H+L)+\cos\pi(K+L)]^2 \tag{5-19}$$

当 H、K、L 全为奇数或偶数时，$|F_{HKL}|^2=16f_a^2$；

当 H、K、L 奇偶混杂时，$|F_{HKL}|^2=0$。

于是，对于面心立方点阵，只有 H、K、L 全为奇数或全为偶数的衍射面产生一定的衍射强度，形成可观测的衍射，这样的晶面如（111）、（200）、（220）、（311）等。而当 H、K、L 为奇偶混杂时，衍射面如（100）、（110）、（210）等由于 $|F_{HKL}|^2=0$ 导致强度降为 0，表现出消光行为。图 5-8 以面心立方铜 Cu 为例显示 X 射线衍射中的消光规律。

d. 底心点阵 底心点阵的单位晶胞中有 2 个原子，其位置坐标分别为（0，0，0）和 $\left(\dfrac{1}{2},\dfrac{1}{2},0\right)$。原子散射因子均为 f_a，代入式（5-16）简化后有

$$|F_{HKL}|^2=f_a^2\left[\cos2\pi(0H+0K+0L)+\cos2\pi\left(\frac{H}{2}+\frac{K}{2}\right)\right]^2+$$

$$f_a^2\left[\sin2\pi(0H+0K+0L)+\sin2\pi\left(\frac{H}{2}+\frac{K}{2}\right)\right]^2$$

$$= f_a^2 \left[1 + \cos\pi (H+K) \right]^2 \tag{5-20}$$

当 $H+K=$ 偶数时，$|F_{HKL}|^2 = 4f_a^2$；

当 $H+K=$ 奇数时，$|F_{HKL}|^2 = 0$。

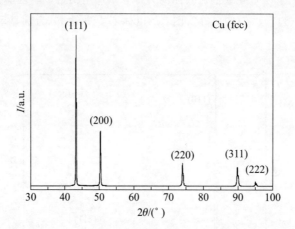

图 5-8　采用衍射仪法和波长为 1.54Å 的 X 射线照射面心立方结构 Cu 多晶试样获得的衍射图谱，衍射峰对应衍射面的 H、K、L 全为奇数或全为偶数，奇偶混杂的衍射面因消光不存在衍射峰

所以，对于底心点阵，只有 $H+K$ 为偶数的衍射面才能因有衍射强度而产生衍射，这样的衍射面有 (110)、(111)、(200) 等；而 $H+K$ 为奇数的衍射面，因为 $|F_{HKL}|^2 = 0$ 而导致衍射强度为零，表现出明显的消光特征，不产生衍射，这样的衍射面如 (100)、(210)、(211) 等。

根据式 (5-16)，结构因子在数值上只与原子种类和晶胞中原子位置有关，而不受晶胞形状和点阵常数大小的影响。例如：只要是体心点阵，无论是体心立方、正方体心或者斜方体心，它们的消光规律均相同。表 5-1 总结了同类原子构成的四类晶格点阵的消光规律。

表 5-1　由同类原子构成的四类点阵的消光规律

布拉维点阵	出现的反射	消失的反射
简单点阵	全部	无
体心点阵	$H+K+L$ 为偶数	$H+K+L$ 为奇数
面心点阵	H、K、L 全为奇数或全为偶数	H、K、L 奇偶混杂
底心点阵	$H+K$ 为偶数	$H+K$ 为奇数

② 结构消光　复式晶胞中由于存在不同类原子或者存在附加原子而造成的消光为结构消光。

a. 阵点由不同类原子构成的体心立方。假设体心立方点阵的两个阵点被不同类原子占据，处于顶点位置为一类原子，原子散射因子为 f_1；而处于体心位置为另一类原子，原子散射因子为 f_2。代入式 (5-16) 简化后有

$$|F_{HKL}|^2 = \left[f_1\cos2\pi(0H+0K+0L)+f_2\cos2\pi\left(\frac{H}{2}+\frac{K}{2}+\frac{L}{2}\right)\right]^2 +$$

$$\left[f_1\sin2\pi(0H+0K+0L)+f_2\sin2\pi\left(\frac{H}{2}+\frac{K}{2}+\frac{L}{2}\right)\right]^2$$

$$= [f_1+f_2\cos\pi(H+K+L)]^2 \tag{5-21}$$

当 $H+K+L=$ 偶数时，$|F_{HKL}|^2=(f_1+f_2)^2$；

当 $H+K+L=$ 奇数时，$|F_{HKL}|^2=(f_1-f_2)^2$。

由于 $f_1\neq f_2$，对于任何衍射面，由不同类原子构成且占位有序的体心立方点阵均不导致衍射强度消失，没有消光现象，所有满足布拉格方程的衍射面均能产生衍射。但是，对于 $H+K+L$ 为奇数的衍射面，由于 $|F_{HKL}|^2$ 显著变小，衍射强度明显低于其他衍射峰。例如，图 5-9（a）展示了 CsCl 的原子结构，因处于体心的 Cs^+ 和顶点的 Cl^- 具有不同的原子散射因子，相应的 X 射线衍射谱中可见 $H+K+L$ 为奇数的衍射面普遍具有相对较弱的衍射强度。

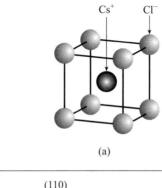

(a)

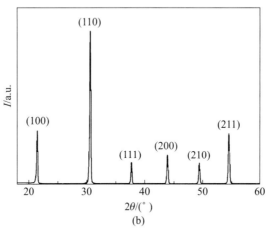

(b)

图 5-9 CsCl 的原子结构（a）与 X 射线衍射谱（b）（使用衍射仪法和
波长为 1.54Å 的 X 射线照射 CsCl 粉末多晶）

b. 包含不同类原子的面心立方 $AuCu_3$ 合金。面心立方 $AuCu_3$ 分为无序和有序两种情况。$AuCu_3$ 合金在 395℃ 以上呈现 Au 原子和 Cu 原子随机占位的无序结构形式，每个位置上发现 Au 和 Cu 的概率是 25% 与 75%；而在 395℃ 以下该合金转变为有序结构，Au 原子占据面心立方顶点位置，Cu 位于 3 个面心位置。

完全无序：每个晶胞可以等效地看成由 4 个同类"赝原子"（0.25Au+0.75Cu）组成。

这种"赝原子"的原子散射因子近似为

$$f_{平均}=0.25f_{Au}+0.75f_{Cu}$$

其坐标分别为 $(0,0,0)$、$\left(0,\dfrac{1}{2},\dfrac{1}{2}\right)$、$\left(\dfrac{1}{2},0,\dfrac{1}{2}\right)$、$\left(\dfrac{1}{2},\dfrac{1}{2},0\right)$。代入结构因子计算式 (5-16) 有

当 H、K、L 全为奇数或偶数时，$|F_{HKL}|^2=16f_{平均}^2$；

当 H、K、L 奇偶混杂时，$|F_{HKL}|^2=0$。

其消光规律与面心立方点阵完全相同。

完全有序：Au 原子占据顶点 $(0,0,0)$ 位置，而 Cu 原子占据面心 $\left(0,\dfrac{1}{2},\dfrac{1}{2}\right)$、$\left(\dfrac{1}{2},0,\dfrac{1}{2}\right)$、$\left(\dfrac{1}{2},\dfrac{1}{2},0\right)$ 位置。代入式 (5-16) 有

$$|F_{HKL}|^2=[f_{Au}+f_{Cu}\cos\pi(H+K)+f_{Cu}\cos\pi(H+L)+f_{Cu}\cos\pi(K+L)]^2 \qquad (5\text{-}22)$$

当 H、K、L 全为奇数或全偶数时，$|F_{HKL}|^2=(f_{Au}+3f_{Cu})^2$；

当 H、K、L 奇偶混杂时，$|F_{HKL}|^2=(f_{Au}-f_{Cu})^2$。

图 5-10 给出了利用衍射仪法测量无序和有序 $AuCu_3$ 合金获得的 X 射线衍射谱。随着合金发生从无序到有序的转变，衍射谱中原本被消光的衍射峰出现了，所有满足布拉格方程的衍射面 (HKL) 都有衍射线。这种因结构有序化而出现的衍射线称为超点阵线条。图 5-10 清楚显示，超点阵线条的衍射强度因结构因子数值降低而明显低于其他原有衍射线的强度。

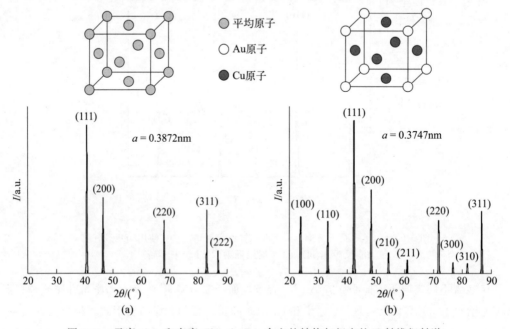

图 5-10　无序 (a) 和有序 (b) $AuCu_3$ 合金的结构与相应的 X 射线衍射谱
（使用衍射仪法和波长为 1.54Å 的 X 射线照射粉末多晶）

c. 超点阵结构的金刚石。金刚石是由两个面心立方子晶格沿空间对角线平移 1/4 后相互套构而成的，属于复式格子。两套晶格分别位于 $(0,0,0)$ 和 $\left(\frac{1}{4},\frac{1}{4},\frac{1}{4}\right)$ 两个位置。每个晶胞含有 8 个碳原子，坐标为 $(0,0,0)$、$\left(0,\frac{1}{2},\frac{1}{2}\right)$、$\left(\frac{1}{2},0,\frac{1}{2}\right)$、$\left(\frac{1}{2},\frac{1}{2},0\right)$、$\left(\frac{1}{4},\frac{1}{4},\frac{1}{4}\right)$、$\left(\frac{1}{4},\frac{3}{4},\frac{3}{4}\right)$、$\left(\frac{3}{4},\frac{1}{4},\frac{3}{4}\right)$ 和 $\left(\frac{3}{4},\frac{3}{4},\frac{1}{4}\right)$。因为是同类碳原子，原子散射因子均为 f_a。代入式（5-16）简化后有

$$
\begin{aligned}
|F_{HKL}|^2 =& f_a^2\left[1+\cos\pi(H+K)+\cos\pi(H+L)+\cos\pi(K+L)+\cos\pi\left(\frac{H}{2}+\frac{K}{2}+\frac{L}{2}\right)+\right.\\
& \left.\cos\pi\left(\frac{H}{2}+\frac{3K}{2}+\frac{3L}{2}\right)+\cos\pi\left(\frac{3H}{2}+\frac{K}{2}+\frac{3L}{2}\right)+\cos\pi\left(\frac{3H}{2}+\frac{3K}{2}+\frac{L}{2}\right)\right]^2+\\
& f_a^2\left[\sin\pi\left(\frac{H}{2}+\frac{K}{2}+\frac{L}{2}\right)+\sin\pi\left(\frac{H}{2}+\frac{3K}{2}+\frac{3L}{2}\right)+\sin\pi\left(\frac{3H}{2}+\frac{K}{2}+\frac{3L}{2}\right)+\right.\\
& \left.\sin\pi\left(\frac{3H}{2}+\frac{3K}{2}+\frac{L}{2}\right)\right]^2\\
=& 2f_a^2\left[1+\cos\frac{\pi}{2}(H+K+L)\right][1+\cos\pi(H+K)+\cos\pi(H+L)+\cos\pi(K+L)]^2
\end{aligned}
$$

$$(5\text{-}23)$$

当 H、K、L 奇偶混杂时，$|F_{HKL}|^2=0$；

当 H、K、L 全为奇数时，$|F_{HKL}|^2=32f_a^2$；

当 H、K、L 全为偶数，且 $H+K+L=4n$ 时，$|F_{HKL}|^2=64f_a^2$；

当 H、K、L 全为偶数，且 $H+K+L\neq4n$ 时，$|F_{HKL}|^2=0$。

因此，金刚石结构的消光规律，可看作是在"标准"面心点阵消光基础上进一步的消光，即只有 H、K、L 全为奇数或者 H、K、L 全为偶数且 $H+K+L=4n$ 的这些衍射面才能产生衍射。而像（200）、（222）、（420）等衍射面由于消光不会出现衍射线。图 5-11 为采用衍射仪法分别利用波长为 0.7107Å 的钼靶 Mo-K$_\alpha$ 和 1.54Å 的铜靶 Cu-K$_\alpha$ 照射金刚石粉末多晶后获得的衍射图谱。与由同类原子构成的"标准"面心立方的晶体衍射谱相比，由于进一步消光，衍射线数目再次减少。

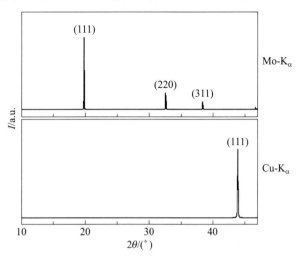

图 5-11　衍射仪法中采用不同辐射源（Mo-K$_\alpha$ 和 Cu-K$_\alpha$）获得的金刚石衍射图谱

d. 不同类原子的面心 NaCl 结构。NaCl 晶体也属于复式晶格，由两个面心立方子晶格沿晶胞对角线平移 1/2 后套构而成。Na 和 Cl 原子各成一套子晶格，分别占据 $(0,0,0)$ 和 $\left(\frac{1}{2},\frac{1}{2},\frac{1}{2}\right)$ 位置，如图 5-12（a）所示。晶胞中的四个 Na 原子占据 $(0,0,0)$、$\left(0,\frac{1}{2},\frac{1}{2}\right)$、$\left(\frac{1}{2},0,\frac{1}{2}\right)$ 和 $\left(\frac{1}{2},\frac{1}{2},0\right)$ 位置，而 Cl 原子占据 $\left(\frac{1}{2},\frac{1}{2},\frac{1}{2}\right)$、$\left(\frac{1}{2},0,0\right)$、$\left(0,\frac{1}{2},0\right)$ 和 $\left(0,0,\frac{1}{2}\right)$。代入式（5-16）简化后有

$$
\begin{aligned}
\left|F_{HKL}\right|^2 = [&f_{Na}+f_{Na}\cos\pi(H+K)+f_{Na}\cos\pi(H+L)+f_{Na}\cos\pi(K+L)+\\
&f_{Cl}\cos\pi(H+K+L)+f_{Cl}\cos\pi H+f_{Cl}\cos\pi K+f_{Cl}\cos\pi L]^2
\end{aligned} \tag{5-24}
$$

当 H、K、L 奇偶混杂时，$\left|F_{HKL}\right|^2=0$；

当 H、K、L 全为偶数时，$\left|F_{HKL}\right|^2=16(f_{Na}+f_{Cl})^2$；

当 H、K、L 全为奇数时，$\left|F_{HKL}\right|^2=16(f_{Na}-f_{Cl})^2$。

图 5-12 给出了 NaCl 的 X 射线粉末多晶衍射图谱，消光规律与面心立方点阵相近。不同之处在于，H、K、L 全为奇数的衍射面较其他衍射面强度明显更低，原因在于这些衍射面的结构因子数值上因正比于 Na 和 Cl 的原子散射因子之差而大幅减小。

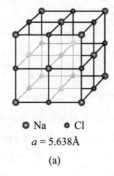

● Na ● Cl

$a = 5.638\text{Å}$

(a)

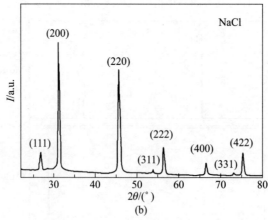

(b)

图 5-12　NaCl 晶体的（a）原子结构以及（b）粉末法测量的 X 射线衍射图谱
（使用波长为 1.54Å 的 Cu-K$_\alpha$ 辐射源）

5.3.4　衍射谱指标化

依据具有不同点阵特征晶体的 X 射线衍射消光规律，能够对未知晶相的衍射谱进行标定和分析。基本思路是，首先，基于衍射谱中衍射峰的分布规律，确定点阵类型；进而，根据该类型点阵消光规律给出衍射峰所对应的衍射面的衍射指数，这就是衍射谱的指标化。下面以立方体系为例，简介衍射谱指标化过程。

将布拉格方程［式（4-5）］与立方体系衍射面间距的计算公式［式（3-1）］相结合可得

$$\sin^2\theta = \frac{\lambda^2}{4a^2}(H^2 + K^2 + L^2) \tag{5-25}$$

既然入射 X 射线和晶体已知，λ 和 a 为常数。这样，上式中 $\sin^2\theta$ 的比值等于 $H^2 + K^2 + L^2$ 的比值，即

$$\sin^2\theta_1 : \sin^2\theta_2 : \sin^2\theta_3 : \cdots = (H_1^2 + K_1^2 + L_1^2) : (H_2^2 + K_2^2 + L_2^2) : (H_3^2 + K_3^2 + L_3^2) : \cdots$$

做进一步归一化处理，得到

$$1 : \frac{\sin^2\theta_2}{\sin^2\theta_1} : \frac{\sin^2\theta_3}{\sin^2\theta_1} : \cdots = 1 : \frac{(H_2^2 + K_2^2 + L_2^2)}{(H_1^2 + K_1^2 + L_1^2)} : \frac{(H_3^2 + K_3^2 + L_3^2)}{(H_1^2 + K_1^2 + L_1^2)} : \cdots$$

定义 $m = H^2 + K^2 + L^2$，则有

$$1 : \frac{\sin^2\theta_2}{\sin^2\theta_1} : \frac{\sin^2\theta_3}{\sin^2\theta_1} : \cdots = 1 : \frac{m_2}{m_1} : \frac{m_3}{m_1} : \cdots$$

表 5-2 总结了立方点阵晶体的 X 射线衍射消光规律，给出了每个点阵消光后能够得到衍射效果的衍射面。对于简单立方、体心立方和面心立方，衍射谱中出现的第一个衍射面分别是 (100)、(110) 和 (111)，对应 m_1 的值为 1、2 和 3。依据不同点阵中 X 射线衍射的消光规律，得到不同点阵的系列 m 值，可对未知物相的衍射谱进行分析，实际操作包含如下步骤：

① 获得未知物相的 X 射线衍射谱后，测定每个衍射峰的峰位、2θ 角。

② 分别计算 $\sin^2\theta_1$，$\sin^2\theta_2$，$\sin^2\theta_3$，$\cdots$。

③ 应用 $\sin^2\theta_1$ 对步骤②中的其他 $\sin^2\theta$ 值进行归一化处理，得到

$$1 : \frac{\sin^2\theta_2}{\sin^2\theta_1} : \frac{\sin^2\theta_3}{\sin^2\theta_1} : \cdots$$

④ 根据 $\frac{m_i}{m_1}$ 与 $\frac{\sin^2\theta_i}{\sin^2\theta_1}$ 比值的一致性，对照表 5-2 中的 m_i/m_1，确定未知物相的点阵类型，并对衍射峰进行指标化标定。

简单立方：没有消光。

体心立方：$H + K + L$ 为偶数的衍射面对应的衍射峰出现。

面心立方：H、K、L 全为奇数或偶数的衍射面有衍射峰出现。

表 5-2　三种立方点阵衍射谱的衍射指标

衍射线顺序号	简单立方			体心立方			面心立方		
	(HKL)	m	$\dfrac{m_i}{m_1}$	(HKL)	m	$\dfrac{m_i}{m_1}$	(HKL)	m	$\dfrac{m_i}{m_1}$
1	100	1	1	110	2	1	111	3	1
2	110	2	2	200	4	2	200	4	1.33
3	111	3	3	211	6	3	220	8	2.66
4	200	4	4	220	8	4	311	11	3.67
5	210	5	5	310	10	5	222	12	4
6	211	6	6	222	12	6	400	16	5.33
7	220	8	8	321	14	7	331	19	6.33
8	300, 221	9	9	400	16	8	420	20	6.67
9	310	10	10	411, 330	18	9	422	24	8
10	311	11	11	420	20	10	333, 511	27	9

5.4　一个晶粒的 X 射线衍射强度

一个晶粒（单晶体）由多个晶胞构成，对于一个晶粒 X 射线衍射能力的探讨，其核心问题是，由多个晶胞构成的体系中某一衍射面（HKL）对应衍射线的强度和展宽。为此，引入一个新的概念，即干涉函数，阐述晶胞数目多少对衍射效果的影响。考虑到该部分内容不仅涉及衍射强度，也涉及衍射花样特征，在第 6 章独立设置了 6.4 节，以干涉函数为中心，详细探讨多个晶胞下的衍射花样形状特征。

衍射强度有两种描述方式：一种是实际衍射强度，即衍射谱中任意 2θ 角上的实际衍射强度值；另一种是积分强度，是衍射花样覆盖区域内衍射强度的总和。对于利用多晶衍射法测定的衍射谱，衍射峰的积分面积定义积分强度，如图 5-13 阴影部分所示。积分强度取决于实际衍射强度和衍射峰宽化程度。实际测量的衍射谱中，衍射峰会出现一定的宽化，除了受仪器和测量条件的影响（如入射光纯度和平行度等因素），材料本身的结构特征和变化（例如，晶粒尺寸变小或存在应力等）也会引起衍射峰的宽化，称为物理宽化（详见 6.1 节）。建立物理宽化与材料结构特征之间的关系后，便可通过衍射谱分析获得材料结构信息。

晶体 X 射线衍射谱的分析中，由于衍射峰是倒易空间的三维衍射数据经压缩重叠的一维图像，对于低对称性、大晶胞体积、复杂精细的结构，衍射全景（峰位、峰强和峰形等）的解析存在极大困难。为了更精确地解析正空间中的精细结构，通常需进行"结构精修"。结构精修的基本原理是，通过使用轮廓函数［如高斯函数、柯西函数、柯西平方函数和福格特（Voigt）函数等］对衍射峰进行拟合，近似描述 X 射线衍射实验获得的衍射峰形状，以更准确地提取出决定衍射峰位置、强度和轮廓的参量，如晶胞参数、原子占位、物相含量、晶粒尺寸和内应力等微观结构信息。常见的精修方法如 Rietveld 精修法，由荷兰晶体学家

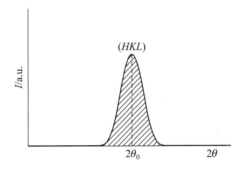

图 5-13 利用衍射仪法测得的衍射峰，积分强度由阴影面积决定

Hugo M. Rietveld 提出。

通过计算多个晶胞的衍射线合成波振幅，得到一个小晶粒的衍射积分强度详见第 6 章，这里仅仅给出结果

$$I_{g-HKL} = I_b R^2 \frac{\lambda^3 \Delta V}{\sin2\theta V_0^2}$$

式中 R——试样与探测器之间距离，m；

ΔV——晶粒体积，m^3；

V_0——晶胞体积，m^3。

代入一个电子和一个晶胞的 X 射线衍射强度公式［式（5-1）和式（5-15）］，经过约化处理，消除 R^2 项后，最终得到一个小晶粒的衍射积分强度

$$I_{g-HKL} = I_0 \frac{e^4}{(4\pi\varepsilon_0)^2 m^2 C^4} \times \frac{1+\cos^2 2\theta}{2} |F_{HKL}|^2 \frac{\lambda^3 \Delta V}{\sin2\theta V_0^2} \tag{5-26}$$

5.5 粉末多晶的 X 射线衍射积分强度

第 4 章详细介绍了如何应用粉末多晶法获取材料的衍射谱。在粉末多晶法的埃瓦尔德图中，原来单晶对应的倒易点变为多晶的倒易球，增加了与反射球相交的机会，能最大限度地获取衍射信息。实际衍射强度的探测中，无论使用如图 4-1 所示的照相法还是衍射仪法，均是截取倒易球与反射球相交而得到的衍射圆锥上的部分强度。为此，需要考虑影响 X 射线衍射强度的所有因素，以下逐项叙述。

5.5.1 参与衍射的晶粒数目

式（5-26）解释了一个小晶粒的衍射强度，在此基础上可计算粉末多晶试样的衍射强度，因为后者正比于参与衍射的晶粒数目。参与衍射的晶粒数目是 X 射线照射的总晶粒数目的一部分，而使用埃瓦尔德图可以帮助求得参与衍射的晶粒数目与 X 射线照射到的晶粒总数目之比，具体分析如下。粉末多晶试样中，各晶粒取向无序，任一衍射面（HKL）的法线指向空

间各个方向，等长度的倒易矢量末端（倒易点）在倒易空间上构成倒易球面。这里要强调的是，一个晶粒一旦被 X 射线照射到，其中的每一个衍射面所对应的倒易点均落在所属的倒易球面上，对倒易球的形成有贡献，此时与衍射发生与否无关。若 X 射线照射到晶粒数目足够多，则能够形成一个个完整、封闭的倒易球面。理想情况下，某一倒易球面和反射球面的交线为没有几何尺寸的圆形迹线，但由于存在仪器宽化和物理宽化，实际测定衍射花样中的衍射线条或衍射斑点、衍射峰均有一定宽度，在埃瓦尔德图解中处理为倒易球面上以倒易原点为中心，在布拉格角附近形成一定宽度 $\delta\theta$ 的环，如图 5-14 阴影区所示。如前所述，一个晶粒一旦被 X 射线照射到，其中的任一衍射面所对应的倒易点均会落在倒易空间的某一倒易球上，因此任一倒易球上的倒易点数目反映了与 X 射线作用的晶粒数目多少。实际操作中，可以选择任一倒易球面，用其面积代表 X 射线照射到的晶粒数目 N，而实际参与衍射的晶粒数目（即倒易点数目）ΔN 则由该环的面积表达。于是，参与衍射的晶粒数目与 X 射线照射到的总晶粒数目之比等于环面积与球面之比，即

$$\frac{\Delta N}{N}=\frac{S_{环}}{S_{球面}}=\frac{2\pi\,|\,\vec{r}_{HKL}^{*}\,|\,\sin(90°-\theta)\,|\,\vec{r}_{HKL}^{*}\,|\,\delta\theta}{4\pi\,|\,\vec{r}_{HKL}^{*}\,|^{\,2}}=\frac{\cos\theta\delta\theta}{2} \tag{5-27}$$

上式中，受 X 射线照射的总晶粒数目 N 等于 X 射线照射到试样体积 V 与一个晶粒体积 ΔV 之比，即 $N=\dfrac{V}{\Delta V}$。于是，参与衍射的晶粒数 ΔN 则是 $\dfrac{V}{\Delta V}$ 与式（5-27）中的 $\dfrac{\Delta N}{N}$ 乘积

$$\Delta N=N\,\frac{\Delta N}{N}=\frac{V}{\Delta V}\times\frac{\Delta N}{N}=\frac{V\cos\theta\delta\theta}{2\Delta V} \tag{5-28}$$

式中　V——X 射线照射并浸没其中的试样体积，m^3；

　　　ΔV——一个晶粒体积，m^3。

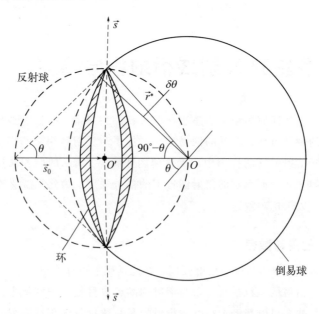

图 5-14　使用环（阴影区）的面积和倒易球面的面积之比计算
参与衍射的晶粒数目与 X 射线照射的总晶粒数目之比

5.5.2　参与衍射的衍射面数目——多重性因子 P_{HKL}

已知参与衍射的晶粒数目后，接下来需要确定参与衍射的衍射面数目，为此引入了另一个参量——多重性因子。根据布拉格方程，凡具有相同面间距的衍射面在衍射谱上都有相同的衍射角 2θ。粉末多晶 X 射线衍射埃瓦尔德图中，这些等同晶面的衍射线将会重叠分布在同一衍射圆锥上，也就是说衍射谱中同为 2θ 位置上的衍射峰来自所有等同晶面的贡献。这一影响衍射强度的因素以多重性因子（P_{HKL}）定量表达。

一个晶面族中的衍射面属于等同晶面，P_{HKL} 则表示晶体某一晶面族 {HKL} 中等同晶面的数目。P_{HKL} 值愈大，等同晶面获得衍射的概率愈大，对应的衍射线强度愈高。其数值对于不同晶系和晶面（或衍射面）表现出很大的差异性。表 5-3 总结了不同晶系中各晶面族的多重性因子数值。

表 5-3　不同晶系中各晶面族的多重性因子 P_{HKL}

晶系	指数									
	H00	0K0	00L	HHH	HH0	HK0	0KL	H0L	HHL	HKL
	P_{HKL}									
立方	6			8	12	24				48
菱方、六方	6		2	6		12				24
正方	4		2	4		8				16
斜方	2					4				8
单斜	2					4		2		4
三斜	2					2				2

如上所述，由于一个晶粒中的衍射面（HKL）有 P_{HKL} 个等同晶面，所有参与衍射的衍射面数目则为参与衍射的晶粒数目与 P_{HKL} 的乘积。结合式（5-28）可得

$$\frac{V}{\Delta V}\frac{\Delta N}{N}P_{HKL}=\frac{V\cos\theta\delta\theta}{2\Delta V}P_{HKL} \tag{5-29}$$

于是，粉末多晶试样中某一衍射面（HKL）及其等同晶面所贡献的衍射强度是一个晶粒中衍射面（HKL）的衍射强度与参与衍射的衍射面数量的乘积[1]。

$$I_{多晶-环-HKL}=I_{g-HKL}\frac{V\cos\theta}{2\Delta V}P_{HKL}$$

代入一个小晶粒的衍射强度公式［式（5-26）］，得到

$$I_{多晶-环-HKL}=I_0\frac{e^4}{(4\pi\varepsilon_0)^2m^2C^4}\frac{1+\cos^2 2\theta}{2}\frac{\lambda^3}{\sin2\theta}\frac{\Delta V}{V_0^2}|F_{HKL}|^2\frac{V\cos\theta}{2\Delta V}P_{HKL}$$

---

[1]　这里 $\delta\theta$ 与求解小晶粒衍射强度时所使用的 $\delta\theta$ 为同一参量，作为一个因子已经考虑过。

经过合并有

$$I_{多晶-环-HKL}=I_0\frac{e^4}{(4\pi\varepsilon_0)^2m^2C^4}\frac{1+\cos^2 2\theta}{2}\frac{\lambda^3}{4\sin\theta}\frac{V}{V_0^2}\mid F_{HKL}\mid^2 P_{HKL} \tag{5-30}$$

5.5.3 单位弧长上的积分强度

为获取粉末多晶试样 X 射线衍射谱，实际操作中通常是以试样为球心通过环形底片（照相法）或者探测器（衍射仪法）截取衍射圆锥的一部分，如图 5-15 所示。若信号接收器（环形底片或者探测器）与试样的距离为 R，接收器只接收衍射圆锥在 R 处衍射圆环的一部分（图中的阴影部分），而不是全部衍射圆环上的强度。假设接收的强度是整个衍射圆环中单位弧长上的积分强度，那么，距离试样为 R 的圆环上，单位弧长上的积分强度则可表示为

$$I_{多晶-单位环-HKL}=\frac{I_{多晶-环-HKL}}{2\pi R\sin 2\theta}$$

代入式（5-30），整理后则有

$$I_{多晶-单位环-HKL}=I_0\frac{\lambda^3}{32\pi R}\left(\frac{e^2}{4\pi\varepsilon_0 mC^2}\right)^2\frac{V}{V_0^2}\mid F_{HKL}\mid^2 P_{HKL}\frac{1+\cos^2 2\theta}{\sin^2\theta\cos\theta} \tag{5-31}$$

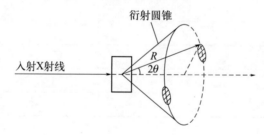

图 5-15　粉末多晶法中一个衍射面对应衍射圆锥中的单位弧段（阴影部分）
（R 为试样到探测器之间的距离）

5.5.4 角因子 $\varphi(\theta)$

式（5-31）中将角度相关量组合成一个变量，即 $\frac{1+\cos^2 2\theta}{\sin^2\theta\cos\theta}$，称为角因子。前面提到，一个电子、一个原子、一个晶胞到一个小晶粒对 X 射线的散射强度均和测量角度相关。在粉末多晶试样的 X 射线衍射谱中，角度因素对衍射强度的综合影响由角因子表达，由偏振因子和洛伦兹因子两部分组成。偏振因子在 5.1 节讲述电子对 X 射线散射强度时介绍过；而洛伦兹因子则是综合了晶粒尺寸、参与衍射的晶粒数目等因素对积分强度的影响而引入的与 θ 角有关的因素。

图 5-16 画出角因子与衍射角的函数关系图。随衍射角增加，角因子整体变小。在使用衍射仪法获得的多晶 X 射线衍射谱中，衍射角通常取值在 $2\theta<120°$ 范围内，该区间内角因子表现出单调降低的特征。与 5.2 节讲到的原子散射因子类似，角因子显然也是导致高角处衍射峰强度变弱的一个重要因素。

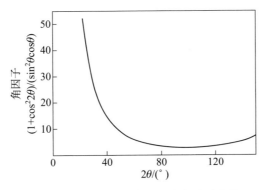

图 5-16　角因子随衍射角变化的关系曲线

5.5.5　吸收因子 A(θ)

影响粉末多晶 X 射线衍射强度的另一个因素是试样对 X 射线的吸收。吸收效应引起衍射强度衰减，有必要进行校正，为此引入吸收因子 $A(\theta)$。由于试样的形状和衍射方向不同，衍射线在试样中穿行的路径不同。于是，试样的吸收因子与其形状、尺寸、组成以及衍射方向等因素有关。

多晶 X 射线衍射实验中常用的试样多是圆柱状和平板状。前者多用于照相法，X 射线在圆柱状试样内部进过程中必然会被试样吸收，从而导致衍射线强度的减弱。衰减程度与行进路程相关。具体来讲，$A(\theta)$ 与试样直径和衍射角度有关。试样直径越大，相同角度下，$A(\theta)$ 越小，强度衰减越大。当直径一定，随角度 θ 增大，衍射模式由透射方式（$0°<2\theta<90°$）变为背射方式（$90°<2\theta<180°$），$A(\theta)$ 单调增加，衍射强度提高。

平板试样用于衍射仪法，该方法简单便捷且具有高精度，已经成为当前材料 X 射线衍射分析的主流技术。衍射仪常采用 $\theta\text{-}2\theta$ 联动方式扫描平板试样（详见第 7 章），此时入射线与探测器接收的衍射线相对于平板试样表面对称配置。当 X 射线以小角度入射到多晶试样时，照射面积较大，但照射深度较浅；反之，当以较大角度照射时，照射面积虽变小，但照射深度增加。因而，无论 X 射线以大角度还是小角度照射，照射到的试样体积相差不大。这种情况下，吸收效应使得所有衍射线的强度衰减比例相同，$A(\theta)$ 不随 θ 角变化。基于式（2-7），经推导计算可得 $A(\theta)\propto\dfrac{1}{2\mu_1}$，其中 μ_1 为试样的线吸收系数，这里不做具体介绍。在对实际衍射谱的分析中，多数情况下应用其相对强度而不是绝对强度值，此时，吸收项可忽略。

5.5.6　温度因子 e^{-2M}

由于温度作用，晶体中的原子并非处于理想的晶体点阵位置上静止不动，而是在点阵附近做热振动。温度越高，原子偏离平衡位置的振幅越大，例如，室温下铝原子的热振动振幅接近原子间距的 6%。原子热振动会影响晶体点阵周期性而产生附加周相差，造成某一衍射方向上衍射强度减弱。因此，晶体中原子热运动的影响不可忽视。于是，在衍射积分强度公式中引入了一个温度因子 e^{-2M}，也称为德拜-沃勒（Debye-Waller）因子。其中，参量 M 为

$$M = \frac{6h^2}{m_a k_B \theta_D} \left[\frac{\phi(\chi)}{\chi} + \frac{1}{4} \right] \left(\frac{\sin\theta}{\lambda} \right)^2 \tag{5-32}$$

式中　h——普朗克常数，$6.626 \times 10^{-34} J \cdot s$；

　　　k_B——玻尔兹曼常数，$1.38 \times 10^{-23} J/K$；

　　　m_a——原子质量，kg；

　　　θ_D——德拜温度，K；

　　$\phi(\chi)$——德拜函数，$\phi(\chi) = \frac{1}{\chi} \int_0^\chi \frac{x}{e^x - 1} dx$；

　　　χ——德拜温度与测量热力学温度 T 之比，$\chi = \frac{\theta_D}{T}$；

　　　θ——布拉格角，衍射角的一半。

数值上，温度因子 $e^{-2M} < 1$。随着温度增加，M 增大，e^{-2M} 减小，表明原子振动越剧烈，X 射线衍射强度减弱越严重。当温度一定，e^{-2M} 随 $\frac{\sin\theta}{\lambda}$ 增加而降低，说明固定波长获得的衍射谱中，θ 角越大，衍射强度减弱越严重。结合 5.2.1 和 5.5.2 节中原子散射因子和角因子随 θ 角的变化规律可知，增大 θ 角在多个方面都会导致衍射强度的减弱。应用式（5-32）中 X 射线衍射积分强度与温度关系，我国科学家创建了确定物质德拜温度的新方法❶。

5.5.7　粉末多晶衍射积分强度

从一个电子、一个晶胞、一个晶粒的衍射强度，未考虑吸收和温度影响的粉末多晶的衍射积分强度，在式（5-1）、式（5-15）、式（5-26）、式（5-31）基础上，通过综合考虑吸收因子和温度因子，得到粉末多晶试样中衍射面（HKL）对应衍射积分强度的总体形式

$$I_{多晶-HKL} = I_0 \frac{\lambda^3}{32\pi R} \left(\frac{e^2}{4\pi\varepsilon_0 mC^2} \right)^2 \frac{V}{V_0^2} | F_{HKL} |^2 P_{HKL} \varphi(\theta) e^{-2M} A(\theta) \tag{5-33}$$

式中　I_0——入射 X 射线强度；

　　　R——试样到接收器的距离，也是衍射仪测角仪或德拜相机的半径，m；

　　　V——试样被照射的体积，m^3；

　　　V_0——晶胞体积，m^3；

　　F_{HKL}——衍射面（HKL）的结构因子；

　　P_{HKL}——衍射面（HKL）的多重性因子；

　　$\varphi(\theta)$——角因子；

　　$A(\theta)$——吸收因子；

　　e^{-2M}——温度因子。

利用粉末法进行 X 射线衍射的实际测量中，若测试温度恒定，试样和实验条件确定，式（5-33）中 λ、R、e、m、C、V、V_0、$A(\theta)$ 均为常数。考虑到 e^{-2M} 随角度变化不显著，这样一来，衍射谱中各衍射线的相对强度主要由变量 $| F_{HKL} |^2$、P_{HKL} 和 $\varphi(\theta)$ 决定，即

---

❶　具体方法见参考文献［36］。

$$I_{多晶-HKL} \propto |F_{HKL}|^2 P_{HKL} \varphi(\theta) \qquad (5\text{-}34)$$

习题与思考题

5-1 说明立方点阵中的消光基本规律及物理起源。

5-2 简单点阵晶体的某衍射面（HKL）满足布拉格方程，会产生相应的衍射线吗？为什么？

5-3 按衍射角从小到大顺序，给出面心立方多晶粉末 X 射线衍射谱的前 4 个衍射线条对应的衍射指数。

5-4 一体心立方晶体的晶格常数是 0.286nm，用铁靶 K_α（$\lambda_{K_\alpha} = 0.194$nm）照射该晶体，求解能观察到的衍射峰的个数。

5-5 X 射线衍射技术不适用于轻元素（如 H、Li、B 等）在晶胞中的占位分析，试说明原因。如何解决该问题？

5-6 论述原子散射因子 f 和结构因子 F_{HKL} 的物理意义。

5-7 解释不同类型原子构成的晶胞对 X 射线衍射强度的影响规律。

5-8 面心立方 Al 的晶胞参数为 0.405nm，使用波长为 0.154nm 的 Cu-K_α 进行粉末衍射测量，对衍射面（111）而言，假设参与衍射的晶粒数目是 10000 个，衍射峰宽度为 2°，计算 X 射线照射到的总的晶粒数目。

5-9 某多晶材料的 X 射线衍射谱中衍射线强度不同，解释引起该现象的原因。

5-10 X 射线粉末衍射法中，在计算 X 射线照射到的所有晶粒数目以及参与衍射的晶粒数目时，巧妙地使用一个倒易球的球面面积对应所有晶粒的数目，试解释这一做法的合理性。

5-11 结合多晶材料 X 射线衍射埃瓦尔德图中倒易球的形成，解释计算衍射强度时引入多重性因子的必要性。

5-12 有一物质的 X 射线衍射图谱如图 5-17 所示，4 个衍射峰的位置分别是：38.08°、44.26°、64.38°、77.32°。试分析该物质的点阵类型，对衍射峰进行指标化标定，并给出晶胞参数。

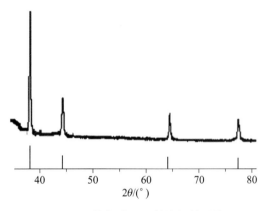

图 5-17 某物质的 X 射线衍射图谱

第 6 章

X 射线衍射线形

X射线与晶体相互作用产生的衍射效果可以通过信号接收系统获得衍射花样。对于单晶与粉末多晶试样，若使用底片或者屏接收，分别得到衍射斑点与衍射线，若使用衍射仪探测器接收，得到衍射峰。这里将衍射花样的特征，即衍射线条或衍射斑点、衍射峰的特征，统称为衍射线形。而衍射线形与衍射方向、衍射强度共同构成衍射谱三要素。鉴于衍射仪法是当前获取晶体X射线衍射的主流技术，本书针对衍射峰的峰位（第 4 章）、峰强（第 5 章）和峰形（通常用衍射峰宽度量化表示）进行讲解。对 X 射线衍射峰宽化机理的探讨，同样能够获得重要的结构信息，例如晶粒尺寸大小、结构无序程度、结晶度和微观应力等。本章重点介绍晶粒细化和微观应力两个因素引起衍射峰宽化的理论基础。通过引入干涉函数概念理解一个晶粒中晶胞数量多少或晶粒大小对峰强和峰宽的影响。此外，采用分析方法推导德拜-谢乐方程，建立晶粒尺寸和 X 射线衍射峰半高宽之间的定量关联。最后简要介绍非晶态材料的衍射谱特征和解析方法。

6.1 衍射峰的宽化

在实际的晶体 X 射线衍射谱中，不仅在严格满足布拉格方程的衍射角位置存在衍射峰，偏离衍射角的一定范围内也存在衍射强度分布，表现为衍射峰的宽化。图 6-1 给出了衍射峰宽化的示意图，图 6-1（a）是严格满足布拉格方程仅仅出现在衍射角位置上的衍射峰，图 6-1（b）是存在明显宽化的衍射峰，其中 β 定义为半高宽（full width at half maximum，FWHM），即衍射峰值一半处的衍射峰宽度。

衍射峰的宽化分为仪器宽化和物理宽化。前者取决于仪器本身，包括入射线并非严格单色（波长在小范围波动）、入射线并非严格平行而有一定发散性、平板试样的聚焦性、衍射仪的制造精度等因素。物理宽化源于材料自身的结构特征，如晶粒细化和晶格畸变等。由第 4 章 X 射线衍射埃瓦尔德图可知，衍射花样是落到反射球面上的倒易点以及围绕其衍生出的特定区域（倒易畴或选择反射区，定义见 6.2.2 节）沿衍射方向的映像。因此，衍射花样的形状势必对应着倒易空间中围绕倒易点具有衍射性质的特定区域所携带的结构信息特征。

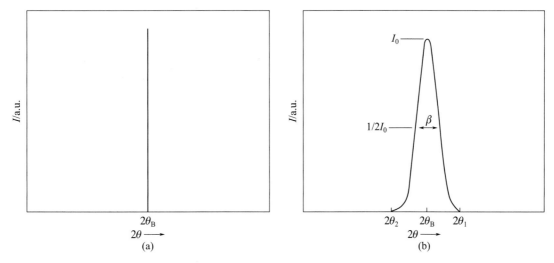

图 6-1　未宽化（a）和宽化（b）的衍射峰（$2\theta_B$ 为严格满足布拉格方程的衍射角）

6.2　晶粒细化引起的衍射峰宽化

6.2.1　一个晶粒的衍射强度理论：干涉函数

　　一个晶粒由多个晶胞在三维空间周期性排列而构成。分析一个晶粒对 X 射线的衍射能力是将晶胞视为散射单元，散射中心选在晶胞原点，如图 6-2 所示。一个晶胞产生的衍射线与其他晶胞的衍射线之间存在一定的周相差，当这些散射波振幅在空间叠加时，会引起干涉效果的改变。晶胞数目与晶胞排列方式均为影响整个小晶粒（单晶体）合成波振幅的因素。本章通过引入描述衍射强度分布的干涉函数表达其影响效果，进而确定衍射线形。下面针对衍射仪法，具体分析衍射峰宽化所遵循的基本规律和机理。

图 6-2　一个晶粒内多个晶胞参与衍射

　　一个晶粒的 X 射线衍射合成波由多个晶胞的相干散射波叠加得到。这种情况类似于第 5 章所讲述的一个复杂晶胞的合成散射波来自代表每套简单点阵的各个特定占位原子发出的相干散射波的叠加结果。于是，参照第 5 章中处理复杂晶胞中 X 射线衍射的方法，得到一个晶粒的合成波振幅

$$A_m = \sum_{mnp}^{N_1 N_2 N_3} A_e F_{HKL} e^{i\phi_{mnp}} = A_e F_{HKL} \sum_{mnp}^{N_1 N_2 N_3} e^{i\phi_{mnp}} \tag{6-1}$$

式中　N_1、N_2、N_3——沿 $\vec{a}$、$\vec{b}$、$\vec{c}$ 方向上的晶胞数；

m、n、p——晶胞的正空间位置坐标数值；

ϕ_{mnp}——非原点晶胞与原点晶胞的散射波周相差。

A_e 与 F_{HKL} 在第 5 章介绍过，分别为一个电子的相干散射波振幅和一个晶胞的结构因子。参照式（5-12）和式（5-13）中 X 射线经一个晶胞内非原点原子和原点原子产生的周相差（即入射波和衍射波的总周相差），定义任一晶胞与原点位置晶胞的散射波周相差

$$\phi_{mnp} = 2\pi \vec{r}_{mnp} \cdot \vec{r}_{\xi\eta\zeta}^{*} \tag{6-2}$$

式中，$\vec{r}_{mnp} = m\vec{a} + n\vec{b} + p\vec{c}$，为晶胞位置矢量；$\vec{r}_{\xi\eta\zeta}^{*} = \xi\vec{a}^{*} + \eta\vec{b}^{*} + \zeta\vec{c}^{*}$，为倒易空间中围绕衍射面（$HKL$）的倒易矢量（$\vec{r}_{HKL}^{*} = H\vec{a}^{*} + K\vec{b}^{*} + L\vec{c}^{*}$）的矢量变量，称为流动倒易矢量。

这里之所以引入并采用流动倒易矢量，是因为代表晶胞数量的 N_1、N_2、N_3 数值有限，使得埃瓦尔德图中具有衍射性质的区域不仅仅集中于倒易矢量末端一点上，而是形成一定的几何范围，使用流动倒易矢量则能有效地表达该区域的范围。于是，定义

$$G = \sum_{mnp}^{N_1 N_2 N_3} e^{i\phi_{mnp}} = \sum_{m=0}^{N_1-1} e^{i2\pi m\xi} \sum_{n=0}^{N_2-1} e^{i2\pi n\eta} \sum_{p=0}^{N_3-1} e^{i2\pi p\zeta} \tag{6-3}$$

G 称为干涉函数[❶]，或者劳厄函数。若一晶粒尺寸已知，式（6-3）中 N_1、N_2、N_3 数值确定，G 因此是变量 ξ、η、ζ 的函数，而这三个变量是围绕倒空间中倒易点 HKL 的流动变量。G 也常写成 G_{HKL}。于是，一个晶粒中多个晶胞的合成散射波强度在任一倒易矢量下正比于结构因子模的平方和干涉函数模的平方。因为 $|G_{HKL}|^2$ 是一个倒空间内围绕各个倒易矢量的分布函数，这样，包含多个晶胞的一个晶粒在以任一倒易矢量 HKL 为中心的流动倒易矢量下的衍射强度为

$$I_{g-HKL} = I_e |F_{HKL}|^2 |G_{HKL}|^2 \tag{6-4}$$

6.2.2 干涉函数的讨论

（1）干涉函数与晶胞数量的关系

下面对干涉函数［式（6-3）］做进一步数学处理，为简便起见，介绍一维情况。一维干涉函数的数学表达式为

$$G_1 = \sum_{m=0}^{N_1-1} e^{i2\pi m\xi} = \frac{1 - e^{i2\pi(N_1-1)\xi} e^{i2\pi\xi}}{1 - e^{i2\pi\xi}} = \frac{1 - e^{i2\pi N_1\xi}}{1 - e^{i2\pi\xi}} \tag{6-5}$$

进一步有

$$|G_1|^2 = G_1 G_1^* = \frac{(1 - e^{i2\pi N_1\xi})(1 - e^{-i2\pi N_1\xi})}{(1 - e^{i2\pi\xi})(1 - e^{-i2\pi\xi})} = \frac{2 - (e^{i2\pi N_1\xi} + e^{-i2\pi N_1\xi})}{2 - (e^{i2\pi\xi} + e^{-i2\pi\xi})} \tag{6-6}$$

借用欧拉公式 $e^{ix} = \cos x + i\sin x$，写成三角函数的形式有

$$|G_1|^2 = \frac{2 - 2\cos 2\pi N_1\xi}{2 - 2\cos 2\pi\xi} = \frac{\sin^2 \pi N_1\xi}{\sin^2 \pi\xi} \tag{6-7}$$

[❶] 也有教材称 $|G_{HKL}|^2$ 为干涉函数。

将式（6-7）推广到三维情况，可得

$$|G_{HKL}|^2 = \frac{\sin^2 \pi N_1 \xi}{\sin^2 \pi \xi} \frac{\sin^2 \pi N_2 \pi \eta}{\sin^2 \pi \eta} \frac{\sin^2 \pi N_3 \zeta}{\sin^2 \pi \zeta} \tag{6-8}$$

对于某一衍射面（*HKL*）来说，其干涉函数的几何轮廓反映了该衍射面的衍射强度围绕倒易点 *HKL* 在倒空间上的分布情况。

下面以一维情况为例，求解干涉函数 $|G_1|^2$。图 6-3（a）和（b）分别是 $N_1=5$ 和 $N_1=200$ 时的干涉函数。倒空间中 ξ 取值为整数时，对应一维衍射指标 *H*，干涉函数达到最大值，$|G_1|^2=N_1^2$。结合式（6-4），一个晶粒对 X 射线的衍射强度正比于干涉函数的平方，随着更多晶胞参与对 X 射线的散射，相干散射波的叠加最终贡献到该晶粒的衍射强度上，导致强度的显著提高。另外，对比图 6-3（a）和（b）可观察到，随着晶胞数目增加，干涉函数主峰变窄，使得衍射强度的分布更加集中。

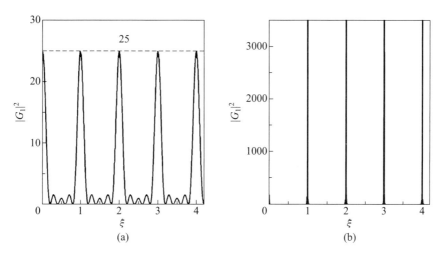

图 6-3　一维情况下晶粒中包含不同晶胞数的干涉函数
（a）$N_1=5$；（b）$N_1=200$

图 6-4 系统展示了干涉函数主峰的高度和几何轮廓随晶胞数量变化情况。由于主峰的高度正比于晶粒中晶胞数目的平方，这里重点分析主峰的轮廓。晶胞数目较少时，例如 $N_1=5$ 或 20 ［图 6-4（a）或（b）］，各晶胞的相干散射波在 $\xi=H=1$ 主峰之外不能完全相互抵消，干涉函数在数值上不完全降为 0，主峰存在明显的宽化和背底噪声。随着晶胞数目的显著增加，如增加到 1000 个时，来自各晶胞的相干散射波在 $H=1$ 主峰以外的地方基本完全相互抵消，干涉函数快速降为 0。整体来说，晶胞数越多，干涉函数主峰越窄，当晶胞数目达到 1000 时，物理宽化已不明显。

（2）选择反射区——求解 ξ、η 和 ζ

从图 6-3 和 6-4 可知，由于晶粒中的晶胞数目有限，当 ξ 稍稍偏离整数值（即 *H* 位置）时，$|G_1|^2$ 并不完全降为 0。为深入理解这一现象，在 $0.5 \leqslant \xi \leqslant 1.5$ 范围内，对围绕 $H=1$ 的干涉函数主峰做定量分析，如图 6-5 所示。求解一维干涉函数，得到当 $\xi=H$（整数）时，

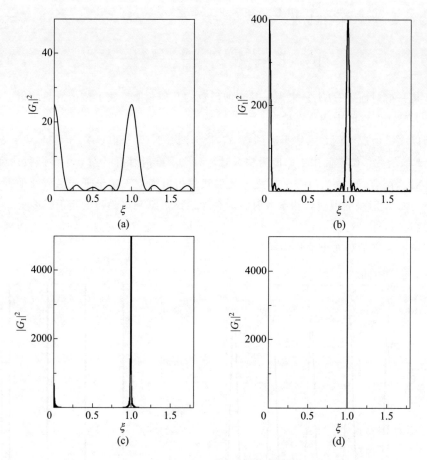

图 6-4　一维情况下某一衍射峰宽度随晶胞数目变化情况

(a) $N_1=5$；(b) $N_1=20$；(c) $N_1=200$；(d) $N_1=1000$

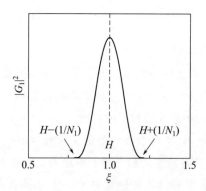

图 6-5　一维情况下求解的干涉函数边界值

$|G_1|^2=N_1{}^2$；求解 $|G_1|^2=0$，可得 $\xi=H\pm\dfrac{1}{N_1}$。显然，ξ 在 $H-\dfrac{1}{N_1}$ 到 $H+\dfrac{1}{N_1}$ 范围内变化时，$|G_1|^2>0$，存在数值解，衍射峰表现出一定强度。

　　将上述一维干涉函数的求解结果扩展到三维情况，可得

$$
\begin{cases}
|G_1|^2 = 0, & \xi = H \pm \dfrac{1}{N_1} \\[2mm]
|G_2|^2 = 0, & \eta = K \pm \dfrac{1}{N_2} \\[2mm]
|G_3|^2 = 0, & \zeta = L \pm \dfrac{1}{N_3}
\end{cases}
\tag{6-9}
$$

这样，流动倒易矢量 $\vec{r}_{\xi\eta\zeta}^{\,*}$ 在从 $\left(H-\dfrac{1}{N_1}\right)\vec{a}^{\,*} + \left(K-\dfrac{1}{N_2}\right)\vec{b}^{\,*} + \left(L-\dfrac{1}{N_3}\right)\vec{c}^{\,*}$ 到 $\left(H+\dfrac{1}{N_1}\right)\vec{a}^{\,*} +$ $\left(K+\dfrac{1}{N_2}\right)\vec{b}^{\,*} + \left(L+\dfrac{1}{N_3}\right)\vec{c}^{\,*}$ 的范围内 $|G_{HKL}|^2$ 都有数值，$|G_{HKL}|^2$ 最高值在倒易矢量 $\vec{r}_{HKL}^{\,*}$ 位置上。因为 $|G_{HKL}|^2$ 正比于衍射强度，在衍射谱上，表现为围绕倒易点在一定范围内衍射强度的分布。以上分析也表明，倒易空间上具有衍射属性的主体不只是一个几何点——倒易点 HKL，而是一个空间特定区域，在倒空间的三个基本矢量方向上的尺寸分别为 $\dfrac{2}{N_1}\vec{a}^{\,*}$、$\dfrac{2}{N_2}\vec{b}^{\,*}$、$\dfrac{2}{N_3}\vec{c}^{\,*}$。该区域称为选择反射区，也称为倒易畴、衍射畴或倒易体等。

选择反射区具有两个属性。一个是几何属性，由于晶胞数量有限以及排列方式的不同，在倒易空间上以满足布拉格方程的倒易点为中心，形成能够产生衍射的扩展区域。X 射线照射到的晶胞数目越少，选择反射区尺寸则越大。另一个是衍射强度属性，具体表现为倒易点衍射强度的空间分布。衍射强度从处于中心位置的倒易点到区域边缘逐渐变弱。既然选择反射区依附于某些倒易点，按照解释衍射原理的埃瓦尔德图（第 4 章），选择反射区也一定与反射球相交。于是，选择反射区的衍射行为可理解为落在反射球上的该扩展区域也具有衍射能力，且沿衍射方向投影后成像得到衍射花样中的衍射斑点（线/峰）形状。因此，选择反射区的性质能很好地解释实验观察到的衍射线形。

结合第 4 章的衍射原理和具有衍射性质的选择反射区可知，某一衍射面所对应的衍射图像轮廓，所反映的是其对应的选择反射区的形状，最终取决于干涉函数。下面简要总结选择反射区的形状与晶粒尺寸（即晶胞数量）的关系。

① 晶粒尺寸较大时，即 N_1、N_2 和 $N_3 \to \infty$，$\dfrac{1}{N_1}$、$\dfrac{1}{N_2}$ 和 $\dfrac{1}{N_3}$ 均很小。选择反射区缩小为一个点，即倒易点。

② 晶粒为二维片状（晶体极薄）时，即 N_1、$N_2 \to \infty$，而 N_3 很小。于是 $\dfrac{1}{N_1}$ 和 $\dfrac{1}{N_2}$ 很小，而 $\dfrac{1}{N_3}$ 很大。选择反射区为杆状，即倒易杆。

③ 晶粒为一维针状时，即 $N_1 \to \infty$，而 N_2 与 N_3 很小。于是，$\dfrac{1}{N_1}$ 很小，而 $\dfrac{1}{N_2}$ 和 $\dfrac{1}{N_3}$ 很大。选择反射区为片状，即倒易盘。

④ 晶粒为极小的点状时，N_1、N_2 和 N_3 都很小。于是，$\dfrac{1}{N_1}$、$\dfrac{1}{N_2}$ 和 $\dfrac{1}{N_3}$ 均很大。对应的选择反射区为球状，即球形倒易畴（不同于粉末衍射中的倒易球概念）。

这里有必要对上述的倒易畴（或选择反射区）与第 4 章粉末多晶衍射埃瓦尔德图中的倒易球做一个对比。从起源上讲，随着晶粒中晶胞数目减少（细晶），倒易点的衍射能力发生扩展，从而形成倒易畴；而倒易球的形成则是由于多晶粉末材料中包含了数量庞大的晶粒，由于各自取向不同，具有相同倒易矢量长度的众多倒易点，在倒易空间上构成倒易球（面），用于解释衍射方向的问题。从形状功能上讲，倒易畴在倒易空间上是一个实体，倒易畴内任何位置一旦与反射球相交，均可参与衍射，也就是说，倒易畴的整个空间体均具有衍射属性。而粉末衍射中的倒易球是空心的，只有其球面或球壳具有衍射属性。

（3）倒易点和选择反射区关系

这里简要总结倒易点和选择反射区之间的关系。倒易点是没有任何几何尺寸和形状的空间位置点，其在倒空间内的方位通过相应的倒易矢量来表达，倒易矢量的长度仅仅取决于晶面间距的大小与晶粒大小或者晶胞数量多少无关。然而，在实际测量中，晶粒尺寸可能有限，典型体系如纳米晶材料。基于干涉函数（决定了多晶胞体系的衍射强度）的解析可知，晶粒尺寸或者晶胞数目的减小使得落到反射球上的倒易点扩展为选择反射区，表现为在反射球上、以倒易点为中心、具有一定几何尺寸和衍射属性的区域，其大小与晶粒尺寸成倒置关系。

倒易点的出现以及在倒易空间上的确切方位源自晶体与 X 射线的作用，此时与衍射是否发生无关。按照埃瓦尔德图解，位置和取向固定的晶粒一旦受到 X 射线照射，倒易空间的倒易原点和各个倒易点位置确定。只要衍射面的晶面间距和晶面方向保持不变，倒易点或者倒易矢量唯一。相比之下，选择反射区是随着倒易点的衍射功能被激活而出现的，只有落到反射球上的倒易点才能衍生出选择反射区，而不能产生衍射的倒易点则不能出现该区域。可以说，选择反射区源于倒易点，并继承了倒易点的衍射属性。

当 X 射线照射试样，倒易点与反射球的相对位置决定了倒易点对应的衍射面能否产生衍射。基于埃瓦尔德图，若发生衍射，衍射方向由该倒易点与试样所在位置的连线确定。另外，倒易点所对应的衍射面的属性与试样的晶胞类型相结合，决定衍射中是否发生消光行为。选择反射区则表达了衍射面的衍射强度特征，一方面是强度的数值大小，另一方面是强度的分布，即衍射线形。这两个方面均取决于干涉函数。

（4）干涉函数的物理意义

干涉函数 G_{HKL} 与结构因子 F_{HKL} 一样，也是倒空间上表达某一倒易点 HKL 衍射强度的物理量，均是倒空间上位置矢量的函数。二者共同决定由各个晶胞组成的晶粒对 X 射线的散射能力。其中，$|F_{HKL}|^2$ 解释一个晶胞对 X 射线的散射能力，源于晶胞内多个原子的相干散射波的叠加；而 $|G_{HKL}|^2$ 所描述的是一个晶粒中来自多个晶胞的 X 射线相干散射波叠加而引起的衍射强度数值高低和分布情况，取决于晶胞的数目和排列方式。通过解析 $|G_{HKL}|^2$ 函数不仅能获得衍射线在强度上的变化，而且能得到衍射强度的空间分布，后者决定衍射峰的物理宽化。

（5）一个小晶粒的衍射积分强度

在 X 射线衍射实际测量中，多种因素［例如，晶粒细化、小晶粒中包含方位差较小（＜1°）

的亚晶结构以及 X 射线有一定的发散角度等〕会导致选择反射区（或倒易畴）具有明显的几何尺寸，增大了与反射球相交的区域，导致偏离理想衍射角位置上也有衍射强度。图 6-6 在埃瓦尔德图中给出了一个球体形状的选择反射区，以及由选择反射区轮廓所决定的衍射强度分布曲线，表达了一个晶粒中某一衍射面（HKL）的衍射能力。衍射面（HKL）的选择反射区内总衍射强度为一个小晶粒中该衍射面（HKL）的衍射积分强度。

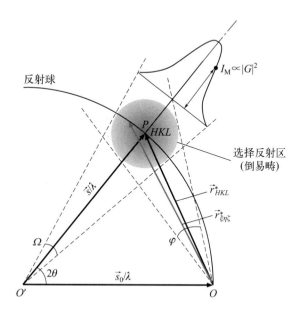

图 6-6　基于埃瓦尔德图的选择反射区以及选择反射区内的衍射强度分布曲线
$\vec{s}_0/\lambda$—入射矢量；$\vec{s}/\lambda$—衍射矢量；$\vec{r}_{HKL}^*$—倒易矢量；$\vec{r}_{\xi\eta\zeta}^*$—流动倒易矢量

如图 6-6 所示，选择反射区与反射球中心成夹角 $\Delta\Omega$，与倒易原点成夹角 $\Delta\varphi$。对于实际小晶粒，衍射面（HKL）的衍射积分强度则是式（6-4）在 $\Delta\Omega$ 和 $\Delta\varphi$ 区间内的积分，数学上表示为选择反射区内的二重积分。假设小晶粒与探测器之间的距离为 R，一个小晶粒衍射在 $\Delta\Omega$ 和 $\Delta\varphi$ 区间的积分强度为

$$I_{g-HKL} = I_b R^2 \iint\limits_{\Delta\varphi\,\Delta\Omega} |G_{HKL}|^2 \mathrm{d}\varphi\,\mathrm{d}\Omega \qquad (6\text{-}10)$$

代入一个晶胞和一个电子的散射强度有

$$I_{g-HKL} = I_0 \frac{e^4}{(4\pi\varepsilon_0)^2 m^2 C^4 R^2} \frac{1+\cos^2 2\theta}{2} |F_{HKL}|^2 R^2 \frac{\lambda^3 \Delta V}{\sin 2\theta V_0^2}$$

式中　R——晶粒与探测器之间的距离，m；

　　　ΔV——晶粒体积，m^3；

　　　V_0——晶胞体积，m^3。

$\dfrac{\Delta V}{V_0}$ 为一个晶粒包含的晶胞数。上面公式经简化后得到如式（5-26）给出的一个小晶粒的积分强度

$$I_{g-HKL} = I_0 \frac{e^4}{(4\pi\varepsilon_0)^2 m^2 C^4} \frac{1+\cos^2 2\theta}{2} |F_{HKL}|^2 \frac{\lambda^3 \Delta V}{\sin 2\theta V_0^2}$$

具体细节在此不做详解。

6.2.3 衍射峰宽化的分析解释：德拜-谢乐方程

假设衍射面（HKL）有 $N+1$ 层晶面，晶面间距为 d_{HKL}，垂直于晶面方向上的晶体厚度为 $L=Nd$，如图 6-7 所示。假设衍射角为 $2\theta_0$ 时，满足布拉格方程，相邻晶面之间的光程差等于 1 倍的 X 射线波长 λ，即 $2d_{HKL}\sin\theta_0 = \lambda$。布拉格方程两侧同时乘以 N，得到最上层与最下层晶面之间的光程差

$$N2d_{HKL}\sin\theta_0 = N\lambda$$

进而有

$$2L\sin\theta_0 = N\lambda \tag{6-11}$$

当稍稍增加衍射角到 θ，如图 6-7（b）所示，最上层与最下层晶面之间的光程差随之增加，变为 $2L\sin\theta$。因为有 $2L\sin\theta > 2L\sin\theta_0$，这意味着在最上层与最下层晶面之间，除了原有的光程差 $2L\sin\theta_0 = N\lambda$ 之外，又多了一个额外光程差 Δ

$$2L\sin\theta = 2Nd_{HKL}\sin\theta_0 + \Delta = N\lambda + \Delta \tag{6-12}$$

Δ 随 θ 偏离 θ_0 程度加大而逐渐增加。当 θ 继续提高到某一角度 θ_1 时，使得 Δ 达到 λ，此时，式（6-12）写为

$$2Nd_{HKL}\sin\theta_1 = 2Nd_{HKL}\sin\theta_0 + \lambda = N\lambda + \lambda \tag{6-13}$$

式（6-13）意味着，在角度 θ_1 下，最上层与最下层晶面的额外光程差变为 $\Delta = \lambda$。相应地，最上层晶面与正中间一层晶面之间的光程差，数值上除了原有的波长整数倍以外，会额外增加半个波长，即 $\lambda/2$。这样，最上层与正中间这层晶面产生的衍射线完全抵消，如图 6-7（c）所示。同样，第二层晶面的衍射线会与正中间层晶面的下一层衍射线相互抵消。以此类推，在 θ_1 角下，上半部分每一层晶面都能在下半部分找到与其衍射线散射波反相的对应晶面，从而上半部分晶面衍射线正好与下半部分晶面的衍射线整体上相互抵消，衍射强度降为零。

同理，相对于 $2\theta_0$，当稍稍降低衍射角，最上层与最下层晶面之间的光程差随之减小。当衍射角达到 $2\theta_2$，此时最上层与最下层晶面的光程差恰好等于 $N\lambda-\lambda$，如图 6-7（d）所示。这样，最上层与最下层晶面的光程差在原有整数倍波长基础上会"额外"减少一个 λ。此时，最上层与正中间一层晶面的"额外"光程差为 $-\lambda/2$。最终，上半部分晶面与下半部分的衍射线整体上相互抵消，导致衍射强度为 0。当衍射角为 $2\theta_2$ 时，式（6-12）可写为

$$2Nd_{HKL}\sin\theta_2 = 2Nd_{HKL}\sin\theta_0 - \lambda = N\lambda - \lambda \tag{6-14}$$

讨论 1：衍射峰宽度与衍射面层数关系

式（6-13）可改写为

$$\sin\theta_1 - \sin\theta_0 = \frac{\lambda}{2Nd}$$

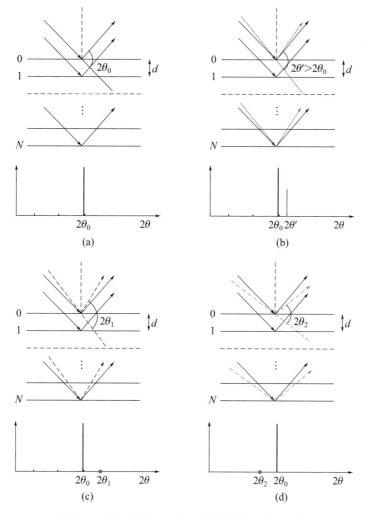

图 6-7 衍射角做微小偏离后的衍射峰强度变化

（a）严格按照布拉格角入射；（b）入射角相对布拉格角微小增加，衍射强度降低；（c）衍射角增大到 $2\theta_1$，
此时衍射强度降为 0；（d）相对于布拉格角，降低衍射角到 $2\theta_2$，使得衍射强度降为 0

N 越大，则晶面层数越多，晶粒越大，使得 $\sin\theta_1 - \sin\theta_0$ 越小。这意味着衍射强度降为 0 时，θ_1 偏离布拉格角 θ_0 程度变小，也就是对衍射角 $2\theta_0$ 的微小偏离就能实现最上层与最下层之间"额外"光程差达到 $+\lambda$，表明 θ_1 与 θ_0 更接近。同理，N 越大，θ_2 与 θ_0 也越近。最终导致整个衍射峰变窄。显然，晶面的层数 N 直接影响衍射峰的峰宽。

讨论 2：德拜-谢乐方程

若将衍射峰的峰形简化为等腰三角形，如图 6-8 所示，衍射峰半高宽则定义为

$$\beta_{HKL} = \frac{1}{2}(2\theta_1 - 2\theta_2) = \theta_1 - \theta_2 \tag{6-15}$$

假设 X 射线按角度 θ_1 照射衍射面（HKL），最上层与最下层晶面（第 N 层）所产生额外光程差为 $+\lambda$，如图 6-9 所示。于是，由式（6-13）可得

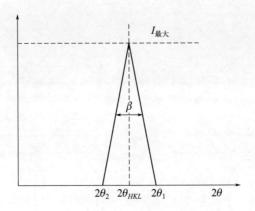

图 6-8　利用等腰三角形表达的衍射峰

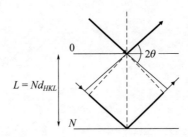

图 6-9　沿衍射面（HKL）法线厚度为 L 的晶粒中第一层与最下层晶面间的光程差

$$2L\sin\theta_1 = (N+1)\lambda \tag{6-16}$$

同理，当 X 射线按 θ_2 角入射时，最上层晶面与最下层晶面所产生的额外光程差为 $-\lambda$，式（6-14）写为

$$2L\sin\theta_2 = (N-1)\lambda \tag{6-17}$$

式（6-16）和式（6-17）作差，得到 $L(\sin\theta_1 - \sin\theta_2) = \lambda$，即

$$2L\cos\left(\frac{\theta_1+\theta_2}{2}\right)\sin\left(\frac{\theta_1-\theta_2}{2}\right) = \lambda \tag{6-18}$$

考虑到 θ_1 及 θ_2 偏离布拉格角 θ_0 或 θ_{HKL} 值很小，基于两个数学近似

$$\theta_1 + \theta_2 \approx 2\theta_{HKL}$$

$$\sin\left(\frac{\theta_1-\theta_2}{2}\right) \approx \frac{\theta_1-\theta_2}{2}$$

式（6-18）变为

$$2L\left(\frac{\theta_1-\theta_2}{2}\right)\cos\theta_{HKL} = \lambda \tag{6-19}$$

将式（6-15）代入，则得

$$\beta_{HKL} = \frac{\lambda}{L\cos\theta_{HKL}} \qquad\qquad (6\text{-}20)$$

这就是谢乐（P. Scherrer）方程，也称为德拜-谢乐（Debye-Scherrer）方程。应用德拜-谢乐方程，通过测量试样的 X 射线衍射峰的半高宽 β_{HKL}，进而评估材料的晶粒尺寸，该方法已成为材料结构研究中的一个常用方法。

讨论 3：应用谢乐公式的注意事项

① 实际应用中，原始谢乐公式［式（6-20）］通常修改为 $\beta_{HKL} = \dfrac{K\lambda}{L\cos\theta_{HKL}}$，$K$ 为谢乐常数，$K = 2\sqrt{\ln 2/\pi} = 0.94$。

② 谢乐公式中的 β_{HKL} 是晶粒细化引起的衍射峰宽化。而实际测量得到的衍射谱中，衍射峰总宽化量 $\beta_{\text{meas.}}$ 还包含了仪器宽化部分 β_{s}。要得到真实的 β_{HKL} 值，需要从总宽化量 $\beta_{\text{meas.}}$ 中减去 β_{s}，即 $\beta_{HKL} = \beta_{\text{meas.}} - \beta_{\text{s}}$。$\beta_{\text{s}}$ 可通过测量标准物得到。例如，使用单晶试样，选择与 $\beta_{\text{meas.}}$ 的峰位尽量靠近的衍射峰，测量单晶衍射峰的半高宽 β_{s}。也可选取与被测量材料同成分的粗晶试样获得仪器宽化 β_{s} 值。

③ 由公式计算 β_{HKL} 时，单位为弧度（rad）。

④ 为提高晶粒尺寸的计算精度，简单做法是选取几条低角度衍射线（例如，$2\theta \leqslant 50°$）进行计算，求平均值估算晶粒粒径。相比之下，高角处的衍射峰常因为 K_α 所包含的 $K_{\alpha 1}$ 与 $K_{\alpha 2}$ 存在差异而出现宽化（详见 8.3.4 节），进而影响晶粒尺寸的计算。另一种做法是，先做数据处理，扣除 $K_{\alpha 2}$ 线的影响，再进行衍射峰宽化和晶粒尺寸的计算。

⑤ 利用 X 射线衍射峰的宽化计算晶粒尺寸，也要扣除应力引起的宽化部分。例如，当粒径为几纳米时，表面张力增大，颗粒内部压力增加，内部与表面存在不同应力，也会导致 X 射线衍射峰的宽化，具体内容在下一节介绍。

6.3 晶格畸变导致的衍射峰宽化

除了晶粒细化会引起 X 射线衍射峰宽化以外，由于晶体内部存在位错等缺陷导致晶体显微区域内存在不均匀的微观应力（也称第二类应力），也会引起 X 射线衍射峰的宽化。这是由于不同区域内的微应变不一致，进而使得在试样不同区域中，每个晶粒的同一衍射面（HKL）的晶面间距 d 值不同。处于压应力区域的 d 值小于无应力下的 d_0，而处于拉应力区域的 d 值变大，总的结果是 d 在 $d_0 \pm \Delta d$ 范围内变化，表现在衍射谱上为衍射峰的宽化。

斯托克斯（A. R. Stokes）和威尔逊（A. J. C. Wilson）解释了 X 射线衍射峰的应力宽化和第二类应力间的关系，建立了宽化参量 β_{strain} 和应变 ε 之间的定量关联

$$\beta_{\text{strain}} = 4\varepsilon\tan\theta_{HKL} \qquad\qquad (6\text{-}21)$$

式中，$\varepsilon = \Delta d/d_0$，为应变；$\theta_{HKL}$ 为衍射面（HKL）的布拉格角。之后，威尔森

（G. K. Williamson）和霍尔（W. H. Hall）将晶粒细化和微观应力引起的衍射峰宽化进行了统一处理，得到

$$\beta_{HKL} = \beta_{HKL-\text{size}} + \beta_{\text{strain}} = \frac{K\lambda}{L\cos\theta_{HKL}} + 4\varepsilon\tan\theta_{HKL} \qquad (6\text{-}22)$$

式（6-22）进一步改写为

$$\beta_{HKL}\cos\theta_{HKL} = \frac{K\lambda}{L} + 4\varepsilon\sin\theta_{HKL} \qquad (6\text{-}23)$$

使用 $\beta_{HKL}\cos\theta_{HKL}$ 对 $\sin\theta_{HKL}$ 作图，计算斜率和截距，能够分别得到材料的应变 ε 和晶粒尺寸 L 数据。应变数据能够帮助深入分析晶体材料显微结构特征，例如位错密度（见第 9 章内容）。

虽然晶粒细化和第二类应力均能引起 X 射线衍射峰的宽化，但二者的宽化机理不同，图 6-10 运用粉末法的埃瓦尔德图展示二者宽化原理的差异性。对于某一衍射面而言，晶粒细化后，各晶粒中该衍射面的面间距并没有改变，倒易矢量长度也没有变化。但是，围绕倒易点出现了具有衍射性质且有一定尺寸的选择反射区。当 X 射线照射到大量晶粒，在形成倒易球的同时，围绕倒易点的选择反射区会连接贯通。选择反射区与反射球相交，进而得到具有一定宽度的环，使用探测器或者底片与该环相截，截面在沿衍射方向的投影形成宽化的衍射图像。相比之下，应力宽化是由于同一衍射面在试样不同区域内的晶粒中存在受压或受拉情况，导致该衍射面的倒易矢量长度在一定范围内变化。若有大量晶粒落在 X 射线照射范围内，该衍射面所对应的长短不一的倒易矢量末端在一定范围内分布，形成具有一定厚度的倒易球壳。

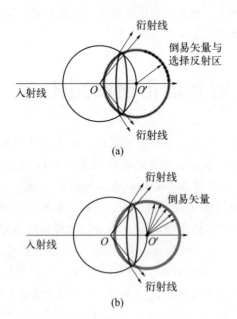

图 6-10　埃瓦尔德图解释晶粒细化（a）和内应力（b）引起衍射峰宽化

6.4 非晶态材料的衍射谱和干涉函数

非晶态材料结构无序，结构基元如原子或者分子缺乏三维空间上的周期排列，故非晶态材料的 X 射线衍射图谱与晶体材料存在明显差别。历史上，利用 X 射线衍射研究非晶态材料的结构略晚于对晶体的研究。早在 1916 年，荷兰物理化学家德拜率先应用 X 射线衍射分析了液体结构，观察到衍射晕环图像。该实验与同期的其他相关测量相结合，为认知液态和非晶态中短程有序、长程无序的结构特征，提供了先驱性的指引和有力佐证。随后，X 射线衍射技术广泛用于非晶态高分子材料的研究，如橡胶的拉伸行为，并发现当橡胶被拉伸 6 倍后，衍射图发生了显著变化，从完全非晶态的衍射晕圈，变为非晶与晶态共存的衍射模式。这一结构上的变化解释了焦耳（J. P. Joule）在 1859 年曾观察到的非晶态橡胶的拉伸放热行为，即非晶的晶化现象。由于原子排列的长程无序，用于描述晶体结构的一套方法如原胞、布拉菲格子等在研究非晶态材料中失效。相比于研究较成熟的晶体材料理论，当前对非晶态材料的结构、热力学和动力学等研究尚未建立起一个完整、连贯的理论体系。

图 6-11 为利用衍射仪法测量得到的典型非晶态材料 X 射线衍射谱。可以看到，衍射谱由

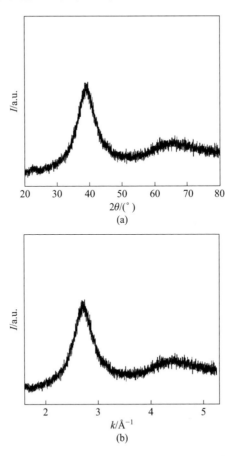

图 6-11　以衍射角（2θ）（a）和波矢（k）（b）表达的典型非晶态材料的 X 射线衍射谱

呈弥散状的衍射峰构成。这是由于，尽管非晶结构具有长程无序特征，但仍保持着与晶体类似的短程序，具体情况取决于组成原子的相互作用。这种短程序在材料性能方面往往起着决定性的作用。实验证实，非晶材料弥散峰的位置和晶态材料的衍射峰存在一定的关联性，但由于短程序中键长和键角分布在一定范围内，造成衍射峰的宽化。

那么，如何基于 X 射线衍射谱获得非晶态材料的结构信息？第 3、4 章已阐明，衍射花样作为倒空间中的图像，与正空间晶体结构函数互为傅里叶变换。也就是说，通过对倒空间的衍射信号进行傅里叶逆变换，能够获得正空间中的结构信息。下面以单组分原子构成的非晶态材料为例，以对其结构因子的计算为出发点和核心内容，介绍如何将 X 射线衍射谱转换成正空间结构的函数。

参照第 5 章式（5-11）和式（5-12）中结构因子的定义

$$F = \sum_j^N f_j \mathrm{e}^{i2\pi \vec{r_j} \cdot (\vec{s} - \vec{s_0})/\lambda}$$

这里，引入一个倒空间的位置矢量，即波矢 $\vec{k}$

$$\vec{k} = \frac{2\pi(\vec{s} - \vec{s_0})}{\lambda}$$

根据第 4 章中衍射矢量 $\vec{s} - \vec{s_0}$ 的基本性质，$|\vec{s} - \vec{s_0}| = 2\sin\theta$，则有

$$k = |\vec{k}| = 4\pi\sin\theta/\lambda \tag{6-24}$$

图 6-11（b）是以波矢 k 为自变量重新绘制的非晶材料衍射图谱。于是，结构因子表达式也可改写为以波矢 $\vec{k}$ 为自变量的函数

$$F(\vec{k}) = \sum_j^N f_j \mathrm{e}^{i\vec{r_j} \cdot \vec{k}} \tag{6-25}$$

对于宏观均匀的非晶材料，假设系统由 N 个同类原子组成，原子散射因子 f，对应于晶体中简单晶胞的结构因子。于是，系统总的弹性散射强度表示为

$$I_N(\vec{k}) = Nf^2 + Nf^2 \sum_{i \neq j}^{N-1} \mathrm{e}^{i\vec{k} \cdot \vec{r_{ij}}} \tag{6-26}$$

式中，$\vec{r_{ij}}$ 为第 i 个与第 j 个原子之间的位置矢量。当以任一原子为中心，统计上讲，其周围原子构型相似。利用如下转换关系[1]

$$\langle \mathrm{e}^{i\vec{k} \cdot \vec{r_{ij}}} \rangle = \frac{\sin(kr_{ij})}{kr_{ij}}$$

并代入式（6-26），得到德拜散射方程

$$I_N(k) = Nf^2 + Nf^2 \sum_{i \neq j}^{N-1} \frac{\sin(kr_{ij})}{kr_{ij}} \tag{6-27}$$

---

[1] 参照文献［4］和［13］，$\langle \mathrm{e}^{i\vec{k} \cdot \vec{r_{ij}}} \rangle = \dfrac{1}{4\pi r_{ij}^2} \int_0^\pi \int_0^{2\pi} \mathrm{e}^{ikr_{ij}\cos\varphi} r_{ij}^2 \sin\varphi \mathrm{d}\theta \mathrm{d}\varphi = \dfrac{\sin(kr_{ij})}{kr_{ij}}$。

若引入表征非晶结构中密度起伏的约化径向分布函数 $G(r) = 4\pi r[\rho(r) - \rho_a]$（详见 3.5 节），对德拜方程 [式（6-27）] 中的累加项进行变形处理，则有

$$I_N(k) = Nf^2 + Nf^2 \int_0^\infty 4\pi r^2[\rho(r) - \rho_a]\frac{\sin(kr)}{kr}\mathrm{d}r \tag{6-28}$$

式（6-28）由荷兰物理学家泽尼克（F. Zernicke）导出，即 Zernicke-Prins 散射方程。基于原子散射因子 f 的定义可知，f^2 代表一个原子的 X 射线相干散射强度与一个电子相干散射强度之比。当使用 Nf^2 对式（6-28）做进一步归一化处理后，得到

$$\frac{I_N(k)}{Nf^2} = 1 + \int_0^\infty 4\pi r^2[\rho(r) - \rho_a]\frac{\sin(kr)}{kr}\mathrm{d}r \tag{6-29}$$

进一步写为

$$\frac{I_N(k)}{Nf^2} = 1 + \int_0^\infty 4\pi r[\rho(r) - \rho_a]\frac{\sin(kr)}{k}\mathrm{d}r$$

式中，$\dfrac{I_N(k)}{Nf^2}$ 称为非晶态材料 X 射线衍射的干涉函数。将式（3-12）代入式（6-29）中，再令 $i(k) = \dfrac{I_N(k) - Nf^2}{Nf^2}$，得到

$$i(k) = \int_0^\infty G(r)\frac{\sin(kr)}{k}\mathrm{d}r \tag{6-30}$$

由于 $G(r)$ 为奇函数，即存在 $G(-r) = -G(r)$ 关系，通过对实验测量的衍射数据 $i(k)$ 做傅里叶正弦逆变换得到表征非晶结构的 $G(r)$。

$$G(r) = \frac{2}{\pi}\int_0^\infty ki(k)\sin(rk)\mathrm{d}k \tag{6-31}$$

经式（3-13）做进一步变换，获得描述非晶结构的其他两个重要函数，即双体分布函数 $g(r)$ 和径向分布函数 $RDF(r)$（详见 3.5 节）。

这里需要强调的是，式（6-29）针对非晶材料 X 射线衍射谱定义了干涉函数。与之相似，在本章 6.2.1 节分析一个晶粒的衍射强度时，也定义了干涉函数，表达晶胞数量对衍射强度的影响。基于非晶态材料和晶态材料 X 射线衍射谱中"两个"干涉函数的定义可知，二者既有共同点也有区别。共同点在于，二者均携带了相应的结构信息，并表达了正空间中"结构单元"的数量增加和排列方式变化对体系衍射强度的影响。不同点是，非晶态材料是从原子密度起伏角度表达原子排布方式引起的衍射强度变化；而晶态材料是从晶胞的数量和排布方式角度描述结构对衍射强度的影响。

这里需要强调的是，式（6-29）针对非晶材料 X 射线衍射谱定义了干涉函数。与之相似，在本章 6.2.1 节分析一个晶粒的衍射强度时，也定义了干涉函数，表达晶粒的尺寸大小（或者晶胞数量的多少）对衍射峰强度和形状的影响。基于非晶态材料和晶态材料 X 射线衍射谱中"两个"干涉函数的定义可知，二者既有共同点也有区别。共同点在于，均携带了相应的

结构信息，并表达了正空间中原子或者晶胞的数量和排列方式变化对体系衍射强度分布的影响。不同点是非晶态材料是从原子密度起伏角度表达原子排布方式引起的衍射强度变化；而晶态材料是从晶粒的大小和排布方式角度描述结构对衍射强度的影响。

习题与思考题

6-1 说明引入干涉函数的目的和意义。

6-2 如何应用德拜-谢乐方程分析纳米材料的粒径大小？说明德拜-谢乐方程在应用于晶粒尺寸测定时的局限性和注意事项。

6-3 选择反射区与倒易点的关系是什么？

6-4 单晶试样 X 射线衍射的埃瓦尔德图中，倒易点与衍射斑点有什么关系？

6-5 不同形状的试样（如薄片、棒状、细小颗粒等）对应的衍射花样有何特征？

6-6 晶体 X 射线衍射花样的线形跟哪些因素相关？

6-7 使用 X 射线衍射方法能够鉴别一个材料是否为纳米材料，依据是什么？

6-8 使用 X 射线衍射仪对晶粒尺寸为 50nm 和 200nm 的无应变、无取向 Cu 试样进行分析。这两个试样的衍射峰有什么不同？简要说明理由。

6-9 结构因子和干涉函数在影响晶体 X 射线衍射强度方面，各自有哪些贡献？有什么区别？

6-10 市场上的一块玉石，能否通过 X 射线衍射方法判断到底是玻璃还是晶体？

6-11 晶体和非晶材料中均定义了干涉函数，用于解释 X 射线衍射花样的线形，二者有什么共同点和区别？

6-12 从一个电子、一个原子、一个晶胞、一个晶粒到多晶，解释 X 射线衍射强度的演变过程。

6-13 材料的晶粒细化和内应力均能导致 X 射线衍射峰的宽化现象，基于埃瓦尔德图说明二者引起宽化的区别是什么？

第 7 章

材料衍射分析的实验方法

在明确衍射基本原理后，接下来的问题就是如何最有效地接收和呈现衍射信号。实验室中常用的衍射分析设备由 X 射线发生器、试样台和信号接收探测器组成。衍射方式、各部分的几何配置和探测方式的不同均会影响衍射结果。在材料衍射分析中，若某衍射线条因强度过低而无法分辨，则无法展示衍射谱全貌，进而难以获得材料的真实结构。考虑到不同材料，例如单晶和多晶类型其 X 射线衍射各有特点，通常需要采用不同方法获取衍射信息。本章将介绍常用的衍射方法，重点是应用衍射仪法获得衍射图谱的相关技术。

7.1 衍射方法与衍射仪器分类

不同材料类型，如单晶或多晶的衍射特点存在着明显的差异性，需要有针对性地采用合适的衍射方法获取相应的衍射信息。具体测量中，可以按多种方式对 X 射线衍射方法进行分类。

① 按衍射原理分为三类，即劳厄法、转晶法和粉末法。每种衍射方法的相关原理已在第 4 章中介绍，本章将重点介绍测量方法。

② 按照 X 射线光源类型分为两类，即角度分辨型衍射和能量色散型衍射。角度分辨型衍射以单色 X 射线为光源，衍射谱以衍射角 2θ 为变量；能量色散型衍射以"白色"X 射线为光源，衍射角固定，衍射谱以衍射线的能量为变量。

③ 按采用的光路特点可分为两类，即平行光束型和聚焦光束型。平行光束型的衍射几何较为简单，若平行入射 X 射线束很细，可视为几何直线入射。使用平行光束的衍射设备，如历史最悠久的多晶 Debye-Scherrer 相机和各种平板照相机。近些年，常使用多层膜反射镜（如 Göbel 镜）把发散的 X 光束汇聚成强平行光束。Göbel 镜是一块在硅片或玻璃衬底上沉积 W/Si 或者 Ni/C 等材料形成有坡度的多层膜，并且弯曲成抛物面形状的镜子。聚焦光束型也称为汇聚光束型，这类光路使用大发散角的 X 射线束。根据聚焦作用，多晶试样表层中某一晶面族满足衍射条件时，衍射线聚焦在同一位置，提高了衍射线的强度。

④ 按衍射信号收集方式分为两类，即德拜照相法和衍射仪法。本章将对这两种方法做重点介绍。现代 X 射线衍射仪又分为多种类型，如按试样形态划分，有单晶衍射仪和多晶衍射仪，还有具有特殊用途的双晶谱仪、微区衍射仪和表层衍射仪等。在众多衍射仪中，多晶衍

射仪的应用最为广泛。单晶衍射仪按其结构特点可分为四圆、六圆、面探测单晶衍射仪等。多晶衍射仪又称为粉末衍射仪。多晶衍射仪既可采用平行光束型，也可采用聚焦光束型。

7.1.1 按衍射原理分类

（1）劳厄法

针对单晶试样，为了增加倒易点和反射球相交的机会，衍射实验时采用连续 X 射线作为入射光束，保持入射方向和单晶体不动。通常采用与 X 射线入射方向垂直的底片、荧光屏或探测器记录衍射斑点。根据底片、试样和入射光束之间的关系，又将劳厄法分为透射与背射（或反射）劳厄法，如图 7-1 所示。根据衍射原理，透射接收的是低角衍射线，而背射接收的是高角衍射线。

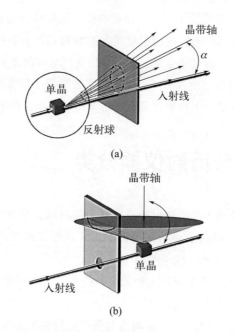

图 7-1　透射劳厄法（a）和背射劳厄法（b）获得单晶衍射

由于同一晶带轴各晶面所对应的倒易点均位于过倒易原点的一个倒易平面上，该倒易平面与反射球相交形成交线，连接样品位置与交线处倒易点的衍射线构成圆锥迹线，如图 7-1 所示（注意，该圆锥由离散的衍射线组成，不同于粉末多晶衍射中由一个晶面族中各衍射面对应的倒易点构成倒易球与反射球相交后形成的衍射圆锥）。该倒易平面与反射球的交线形状，取决于晶带轴与入射线的夹角 α。当 $\alpha < 45°$，交线为过原点的椭圆；当 $\alpha = 45°$，交线为过原点的抛物线；当 $45° < \alpha < 90°$，交线为双曲线。当使用底片接收信号时，在透射图中劳厄斑多分布在一系列椭圆上；而在背射图中，劳厄斑多分布在一系列双曲线上。

劳厄法获得的单晶衍射花样通常采用极射赤面投影进行分析，即球面投影到赤道面的二次投影方法。这要求首先做出单晶试样衍射花样的极射赤面投影图，之后与标准投影对照，标出各衍射斑点和主要晶带轴指数，并测量晶面或者晶向间的夹角。应用劳厄法能够测定晶体的取向和对称性，详情可参考相关文献。

（2）转晶法

转晶法又称作周转晶体法。针对单晶试样，采用固定波长的 X 射线，通过旋转单晶试样获取单晶体的衍射信息。进行转晶衍射实验时，常以单晶体某晶向为轴转动，入射单色 X 射线垂直转动轴入射，并采用环形底片围绕晶体接收衍射斑点，如图 7-2 所示。

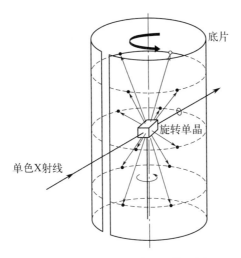

图 7-2　周转晶体法获得单晶衍射花样原理

通过转晶法获得衍射斑的分辨率较高，能够准确测定晶体衍射方向，适用于未知的晶体结构分析，如测定单晶试样的晶胞常数。单晶衍射分析中常用的四圆衍射仪采用的就是周转晶体法。

（3）粉末法

粉末法采用单色 X 射线照射多晶或者粉末试样获得衍射花样。图 7-3 中以多晶铝（Al）为例展示了粉末法的衍射原理。每一个衍射面对应的倒易点均形成一个倒易球，且同一晶面

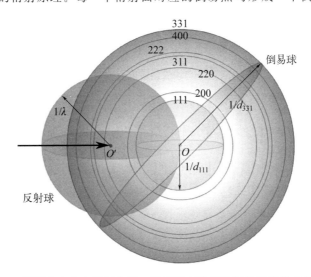

图 7-3　以面心立方金属铝为例，采用粉末法获得衍射图像的工作原理

族各倒易点形成的倒易球完全重叠，具体细节已在第 4 章介绍。衍射实验时，为确保埃瓦尔德图中形成严密完整的倒易球球面，需要 X 射线照射到的晶粒数量足够多，一般要求粉末颗粒的粒径在 0.1～10μm 的数量级范围内。

7.1.2 按信号记录方式与接收系统分类

进行 X 射线衍射实验时，根据记录方式的不同，X 射线衍射分为照相法和衍射仪法。20 世纪 50 年代之前，X 射线衍射分析基本上都是通过照相法记录衍射信息。

（1）照相法

X 射线照射试样产生衍射信息后，通过使用照相底片的方式记录衍射花样。根据试样与底片的相对位置关系，照相法也演变出多种方法，如德拜法、聚焦照相法和针孔法等。其中，德拜法应用最为普遍，也称德拜-谢乐法，由德拜（P. J. W. Debye）和谢乐（P. Scherrer）针对粉末多晶样品而提出。该方法以一束单色 X 射线照射到小块多晶或粉末试样上，试样位于相机圆筒中心轴上，底片位于圆筒内表面，用与试样同轴安装并卷成圆柱状的窄条底片记录衍射信息。X 射线沿圆筒某一直径方向入射和穿出，根据粉末试样的衍射原理，底片与多个衍射圆锥相交，故衍射花样是成对的多条衍射弧线，见图 7-4。底片上的两个圆孔，分别对应 X 射线穿入和穿出的位置。根据相机常数，可确定每一条衍射弧对应的衍射角，进而标定相应的衍射指数。

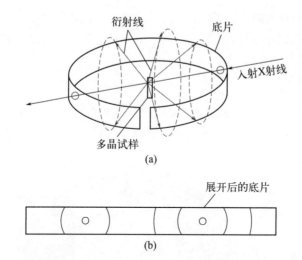

图 7-4　粉末多晶试样的德拜-谢乐法（a）及底片展开后的衍射花样（b）

德拜法的优点是所需试样量少、衍射角测量范围大（能够在 0°～360°范围内收集试样产生的全部反射线）、装置和技术比较简单。相比之下，在聚焦照相法中，底片、试样、X 射线源均位于圆周上。针孔法的底片为平板状，与入射 X 射线垂直放置，试样在二者之间。

德拜照相法直接给出衍射花样及其强度特征，衍射原理简单清楚，有利于理解粉末法衍射的基本原理，尤其是衍射产生的埃瓦尔德图解及其衍射圆锥。20 世纪 90 年代大量兴起的成像板探测器也是基于照相法原理设计的。早期照相法使用底片接收衍射信号，该方式要求采用标定黑度的设备来确定衍射点（或线条）的衍射强度，如黑度标或微光度计等。但是，衍射强度测量精度与系统的自动化程度均不高。

（2）衍射仪法

衍射仪法又分为单晶和多晶衍射仪，后者应用最广。多晶衍射仪以单色 X 射线照射多晶试样，通过测角仪确定衍射角，利用辐射探测器接收并记录衍射信号。X 射线衍射仪法的成像原理与照相法相同，但记录方式及获得的衍射花样不同。现代 X 射线衍射仪配有控制操作和运行软件的计算机系统。衍射仪法以其方便、快捷、灵敏、准确和数据自动化处理等优点，在诸多领域中取代了照相法，已成为晶体结构分析等工作的主要方法。

7.2 衍射几何

受 X 射线照射试样面积大小和穿透能力等多种因素影响，获取高质量衍射图谱常受到限制。X 射线衍射仪设计要解决的主要问题就在于，如何最大限度地接收并展现大角度范围内的衍射信号，获得尽可能高的衍射强度数值。为有效获取高强度和高衍射角分辨率的 X 射线衍射图像而构建的 X 射线源、试样和信号接收器三者之间的动态位置关系以及光路类型，就是衍射几何。通过衍射几何的设计来表达三者的相对位置特征、相对运动特征和光路特征，进而可测量得到满足特定需求的 X 射线衍射图谱。下面以几种常见衍射几何为例做简要介绍。

7.2.1 Debye-Scherrer 衍射几何

Debye-Scherrer 相机中的衍射几何又称为平行光束型衍射几何。X 射线源、试样和底片的几何配置如图 7-4 所示。X 射线束为单色、平行、相干线，接收器位置和试样受照射点的距离至少在几厘米以上。相对于测量的距离而言，试样的受照面积可以看作一个几何点。在这种几何布局下，取向完全无序且晶粒大小足够微细的晶体粉末，在埃瓦尔德图解法中形成同轴嵌套的衍射圆锥，各锥面由满足布拉格方程且间距不等晶面的衍射线所构成（详见第 4 章）。

Debye-Scherrer 衍射几何的不足之处有：

① 接收低角度衍射信号需要 X 射线穿透试样，受穿透能力影响，衍射线强度变弱；光源能量的利用效率较低。

② 角度分辨能力受光束的直径、发散度和机械制造误差等因素的限制。

③ 用底片接收衍射信号时，强度分辨能力有限，自动化程度较低。

7.2.2 Bragg-Brentano 衍射几何

粉末多晶试样的 X 射线衍射实际测量中，X 射线的穿透能力有限，参与衍射的衍射面主要来自试样的表层晶粒。为有效地接收衍射线，衍射仪法中通常接收多晶衍射信号的方式是记录位于试样表面、平行于试样表面的衍射面所产生的衍射线信号。为此发展了基于多种聚焦原理的衍射几何，其中最典型的是 Bragg-Brentano（B-B）衍射几何，基本原理源于布拉格（L. Bragg）和布伦塔诺（J. Brentano）最早提出的平板试样衍射的设计理念，并在后者基础上进行了适度改进。

B-B 衍射几何是最常用的衍射测量方式，多采用聚焦光束进行测量。B-B 衍射几何属于反射式，类似于晶面反射。该方法强度高，适用于高效开展定性定量分析。实验时，试样台位于测角仪中心，X 射线光源和探测器在试样同一侧，从探测器到试样的距离与光源到试样的距离相等。入射线以一定发散角照射试样，试样受照射的面积相比于 Debye-Scherrer 衍射几何中的平行光束型显著增大，参与衍射的晶粒数目更多。在 B-B 衍射几何下，试样或 X 射线光管与探测器处于联动的扫描模式，主要有 θ-2θ 联动和 θ-θ 联动两种方式。

① θ-2θ 联动。测量时光源不动，装在试样台上的试样随着试样台绕衍射仪轴做 θ 转动；同时，探测器同步地以两倍角速度绕衍射仪轴从低角到高角做 2θ 扫描，在适当位置接收衍射线。通过逐一记录各衍射线的位置和强度，即可绘制出衍射图谱，这种 X 射线衍射方法称为 θ-2θ 联动法，见图 7-5（a）。试样和探测器的角速度比严格控制为 1∶2，以保证试样表面与入射线的夹角为 θ，探测器处于 2θ 衍射角位置。

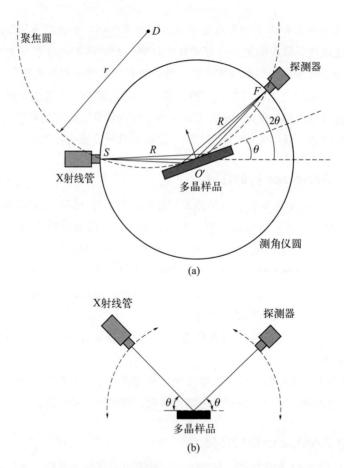

图 7-5　Bragg-Brentano 衍射几何中的 θ-2θ 联动（a）和 θ-θ 联动（b）

O' 和 R—测角仪圆的中心和半径；D，r—聚焦圆的中心和半径

无论试样和探测器如何转动，X 射线管、试样（多晶样品位于 O' 点）和探测器总在一个圆上，试样表面与该圆相切，该圆称为聚焦圆，如图 7-5（a）虚线所示。聚焦圆半径为 r，

与测角仪圆半径 R 之间的关系为 $r = \dfrac{R}{2\sin\theta}$。聚焦圆是动态的，半径大小随布拉格角而不断变化。从几何原理上讲，聚焦圆上同一弧段对应的圆周角相等。如图 7-5 (a) 中，从 S 点沿不同方向射出的入射线与 SF 弧段反射后从 F 点穿出的反射线之间的夹角相等。换句话说，夹角相等的反射线汇聚于 F 点，实现了衍射束聚焦。

需要强调的是，探测器接收到的衍射信号完全来自与试样表面平行的衍射面，尽管某些不平行于试样表面的晶面也会产生衍射，但在这种几何配置下，相应的衍射线无法被探测器接收。在 B-B 衍射几何下，在满足布拉格方程的某衍射角下发生衍射时，同一晶面族中各晶面的衍射线都聚焦于一点，这种情况类似于多晶试样衍射的埃瓦尔德图解中，倒易球面上任一点均来自同一晶面族中所有晶面或衍射面的贡献。

这种聚焦几何下，尽管试样照射面积较大，依然能得到宽度窄、强度高的衍射线，分辨率和灵敏度得以提高。严格来讲，试样表面应与聚焦圆应有相同的曲率。但实际操作中，通常 θ-2θ 联动衍射仪采用平板试样。这样衍射线并非严格地聚焦在探测器 F，而是存在一定的空间分布，略有宽化。入射 X 射线发散度增加，则衍射线展宽增加（属于仪器宽化，详见 6.1 节）。一般情况下，只要这类仪器宽化不大，在应用中是允许的。

② θ-θ 联动。这种测量方式是试样不动，X 射线管和探测器分别做 θ 扫描，称为 θ-θ 联动，见图 7-5 (b)。与 θ-2θ 联动的原理一样，探测器接收的都是与光源呈 2θ 角度的衍射束信号。

B-B 衍射几何是当前粉末 X 射线衍射仪的主流选择。该方法已用于绝大多数粉末试样的衍射实验，它属于平板反射，信号强度高，可实现高效的材料 X 射线衍射定性和定量分析。测量中，探测器沿衍射仪的同心圆移动，接收的反射信号来自表层晶面。该衍射几何的另一个优点是衍射数据的吸收修正简单。由于入射线和衍射线与试样平面的夹角保持相等，在此条件下吸收因子与衍射角无关，已在第 5 章介绍过。这一特点有利于 X 射线衍射的定量研究。同时，该类多晶衍射仪便于添加特殊附件，如进行高温、低温或高压等特殊环境下的衍射测量。

7.2.3 Seemann-Bohlin 衍射几何

Seemann-Bohlin（S-B）衍射几何采用聚焦光束，属于典型聚焦光束型的衍射几何。发散的点光源和试样位于一个圆上，该圆为聚焦圆，如 7.2.2 节所述。试样中能发生衍射的同一晶面族各衍射面的衍射线，对应的衍射角都相同，因此，汇聚在聚焦圆周上的同一点。而不同晶面族产生的衍射线则聚焦在该圆周不同位置上。使用照相法和衍射仪法的 Seemann-Bohlin 衍射几何的工作示意图见图 7-6。这两种方法分别采用成像板和探测器接收衍射信号。

利用 S-B 衍射几何进行 X 射线衍射测量时，可以使用大发散角的 X 射线束，试样受照射表面大，参与衍射的晶粒数目多，解决了使用平行光造成的入射光有效强度不够高的问题。而且，因聚焦作用，试样表层中满足衍射条件的某一晶面族所属衍射面产生的衍射，聚焦在聚焦圆同一位置上，能够得到强度较高的衍射线。但是，S-B 衍射几何聚焦型衍射仪较为复杂，也难于进行衍射角的校准。

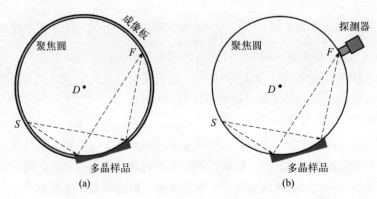

图 7-6 分别使用照相法（a）和衍射仪法（b）的 Seemann-Bohlin 衍射几何
S—光源点；F—经某衍射面（HKL）的衍射线聚焦点；D—聚焦圆中心

7.3 粉末 X 射线衍射仪

布拉格最先于 1912 年使用电离室探测 X 射线衍射光束，这一装置被认为是最原始的 X 射线衍射仪。1943 年费里德曼（H. Friedman）设计了第一台近代 X 射线衍射仪。从 20 世纪 50 年代起，X 射线衍射仪法逐渐替代了使用底片的传统照相法。现代粉末 X 射线衍射仪通常是以 Friedman 衍射仪为原型改良的。这种衍射仪器的特点是，使用单点射线探测器测量每个角度上的衍射强度，使用一台测角仪测量衍射角。近年来也出现了众多新型多晶衍射仪器，如影像板（imaging plate）粉末衍射仪、位置灵敏正比计数（position sensitive proportional counter）粉末衍射仪等。

X 射线衍射仪主要由 X 射线发生器、测角仪、辐射探测器以及记录系统四个部分构成，如图 7-7 所示。本节将主要介绍最常用的 Bragg-Brentano θ-2θ 联动粉末衍射仪衍射几何的构成和工作原理。

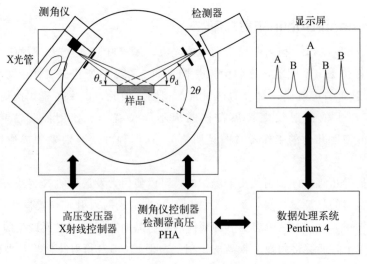

图 7-7 X 射线衍射仪的主要部件

7.3.1 X射线发生器

对 X 射线光源的基本要求是稳定、高强度、光谱纯净。当前大多数实验室使用的 X 射线衍射仪均采用封闭式 X 射线管或旋转阳极 X 射线管作为光源。多数情况下，管电压和管电流具有 ±0.1% 的稳定度，能够满足测量要求。除此之外，在现代 X 射线衍射仪中，还必须有一个有效保护电路。

另一个决定 X 光源质量的关键是靶材的选择。常见靶材如 W、Mo、Cu、Co、Fe、Cr、Ag、In 靶等，根据需要用于不同的衍射工作。例如，如需提高衍射谱的分辨率，则选 K_α 波长较大的靶材，即原子序数低的靶材。这样，晶面间距相近的衍射线条（或者衍射峰）不至于因太靠近而发生重叠。同理，某些衍射分析工作要求在高角区出现尽可能多的衍射线（或峰）数目或者需要显示高指数衍射面，这就要求使用波长较小的靶材。

7.3.2 测角仪

测角仪构造如图 7-8 所示。试样台（H）位于测角仪的中心，试样台的中心轴与测角仪的中心轴（垂直向上）垂直。试样台既可以绕测角仪中心轴转动，又可以绕自身的中心轴转动。试样台上的试样表面与测角仪中心轴严格重合。

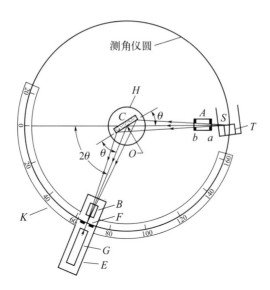

图 7-8　测角仪构造

S—X 射线管焦点；A，B—狭缝；H—试样台；C—试样；G—计数管；E—探测器

入射线从 X 射线管靶 T 的焦点 S 发出，经入射光阑系统投射到试样表面产生衍射后，衍射线经过接收光阑系统，在 F 处形成焦点，进入计数管 G。A 和 B 为狭缝，目的分别是控制入射光的发散度和照射面积、控制衍射线进入计数器的能量，从而调控衍射线的强弱与分辨率。光学布置上要求焦点 S 和 F 位于同一圆周上，把这个圆周称为测角仪（或衍射仪）圆。测角仪圆所在平面称为测角仪平面。

试样台和探测器分别固定在两个同轴的圆盘上。进行衍射测量时，试样绕测角仪中心轴转动，从而不断改变入射线与试样表面的夹角 θ；探测器装在测角仪臂上，它和试样台以 2∶1 的角速度绕测角仪轴心转动，接收衍射角 2θ 对应的衍射信号。探测器的扫描方式一般有连续扫描、步进扫描与跳跃步进扫描三种，扫描方式对记录的衍射花样质量有很大影响。

7.3.3　晶体单色器

除了采用滤波片消除衍射花样背底和 K_β 辐射，也常使用晶体单色器，后者是当前降低衍射背底最有效的方式。晶体单色器是一块单晶，有平面和弯曲晶体两类，分别应用于平行光束法光学系统和聚焦光束法光学系统。平面晶体单色器易于制作，弯曲晶体单色器反射率高，但制作难度高。

晶体单色器的工作原理是，通过"二次衍射"进行光的单色化，降低衍射图中的背底。单色器既可以安装在入射光路上，也可以安装在衍射光路上，通常采用后者。若单色器安装在衍射光路上，可过滤 K_β、白光和荧光，但不能分离 $K_{\alpha1}$ 和 $K_{\alpha2}$；若单色器安装在入射光路上，可分离 $K_{\alpha1}$ 和 $K_{\alpha2}$，但强度损失大，通常还存在高荧光和背底的干扰。图 7-9 给出了聚焦光路中在衍射光路上应用弯曲石墨晶体单色器的工作原理。由 X 射线管焦点 F 处发射的 X 射线，照射到试样上产生衍射，衍射线经过接收狭缝再照射到晶体单色器上。选取某个高反射能力晶面（高原子密度晶面）作为反射面，调整单晶体方位，使该晶面与入射线（即一次衍射线）夹角满足布拉格方程。这样，只有来自试样或者靶材的单色 K_α 光才能通过晶体单色器，而其他辐射因在该角度上与这一晶面不满足布拉格方程而被过滤掉，从而实现 X 射线的单色化，获得低背底的衍射图。

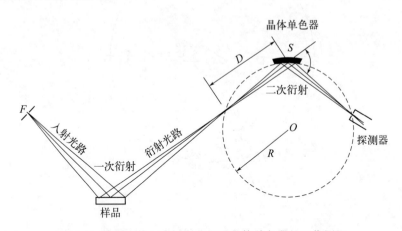

图 7-9　聚焦光路上应用弯曲石墨晶体单色器的工作原理

单色器晶体的选择，通常要考虑反射能力（强度）和分辨率，二者中某一性能的提高往往以另一性能的损失为代价。例如，当需要高的衍射强度，通常选择低指数、原子密度大且面间距大的晶面作为晶体单色器的反射面；而如果需要高的分辨率，则选择晶面间距小的晶面。近年来使用 Cu 靶光源时，通常选取弯曲石墨晶体单色器，其反射能力远高于其他已知材料，能显著降低衍射背底。例如，选用石墨单晶的（0002）作为反射面，调整这个高反射能力晶面与入射光（或一次衍射线）的夹角，使其满足布拉格方程，达到单色光选取的目的。

7.3.4 信号接收器

信号接收器用来记录衍射谱中衍射线的强度，又称为探测器。在 X 射线衍射仪上常用的探测器有闪烁计数器、盖革计数器、正比计数器、位敏正比计数器等。目前主流的 X 射线探测器为闪烁计数器。

闪烁计数器是利用 X 射线与闪烁体作用后，引起闪烁体的发光从而进行记录的辐射探测器，由闪烁体、光电倍增管和电子仪器等组成。当 X 射线和闪烁体相互作用后，原子（或分子）电离或激发，被激发的原子（或分子）退激时发出荧光，荧光被收集到光电倍增管，倍增的电子流形成电压脉冲，由电子成像仪器［如电荷耦合器件（CCD）、平板薄膜晶体管（TFT）、铟镓锌氧化物（IGZO）、非晶硅和互补金属氧化物半导体（CMOS）］放大并记录脉冲信号。

闪烁体可以是固体、液体或气体。无机固体闪烁体一般是指含有少量混合物（激活剂）的无机盐晶体。最常用的无机晶体是用铊激活的碘化钠晶体。闪烁计数器具有灵敏度高、计数快、寿命长等优点，目前被广泛应用于各类 X 射线衍射仪中。

7.4 粉末衍射测量的基本参量与要求

在 X 射线粉末衍射实验中，为了获得理想的衍射图谱，除对扫描试样有一定要求外，还需要合理选择扫描方式和定峰方法等技术。

X 射线衍射测量中，计数的测量方式一般有两种，即连续扫描和步进扫描。连续扫描是指测角仪采用连续转动的方式，测角仪从起始的 2θ 到终止的 2θ 进行匀速扫描，通常取 $2°/$min 或 $4°/$min 等。连续扫描速度快，工作效率高。当需要对衍射花样进行全扫描测量时，一般选用连续扫描测量方法。连续扫描的测量精度受扫描速度和时间常数的影响，例如快速扫描会引起强度和分辨率下降，并使峰值向扫描方向偏移，导致线形的不对称。

步进扫描是将扫描范围按一定的步进宽度（0.01°或 0.02°）分成若干步，在每一步停留若干秒（步进时间），并且将这若干秒内记录到的总强度作为该数据点处的强度。这种方式中每步停留的测量时间较长，测量的总脉冲数较大，减小脉冲统计波动的影响。同时，步进扫描没有滞后效应。所以测量精度高，能给出精确的衍射峰位、衍射线形、积分强度和积分宽度等衍射信息，适合于各种定量分析。但这种方式比较耗费时间。

在衍射图谱上确定衍射峰（或衍射线条）峰位时，可使用多种定峰值方法，包括：

① 峰值法。以衍射峰最高强度对应的衍射角作为峰位。此法适用于衍射峰顶处明锐且光滑的衍射谱线。

② 切线法。以衍射峰两侧近似直线段的两直线交点作为峰位。此法常用于明锐峰且峰顶波动大的衍射谱线。

③ 中弦法。选择衍射峰上半部任意点作平行背底的弦，取其中点连成直线，并与背底交点作为峰位。

④ 重心法。以衍射峰面积的重心作为峰值。

除了扫描测量参数设定以外，多晶 X 射线衍射仪对试样的制备也有特定要求。在试样制备过程中要注意以下问题。

（1）晶粒大小（晶粒度）

只有当粉末试样中晶粒的数量足够多时，才能保证衍射仪法获得的衍射强度有较好的重现性。一般最低要求以 325 目过筛的粉末（粒径约 $40\mu m$）制备测试试样。试样晶粒过大，实际参加衍射的晶粒过少，不仅可能造成衍射峰丢失，也会降低衍射强度；而过小的晶粒尺寸会导致衍射峰的宽化。

（2）试样的大小、厚度与表面质量

试样的表面积应大于 X 射线照射范围，这样衍射谱各衍射峰的强度才具有可比性；试样的厚度应大于 $3/\mu_l$（μ_l 为试样的线吸收系数）。通常情况下，试样的厚度为 $1.5\sim2mm$，以获得最大的接收强度。试样表面的平整情况也会影响所测衍射峰的位置、形状与强度。由于 X 射线衍射仪获取的主要是试样表层的衍射信息，要注意避免因粗糙度过高造成部分衍射峰强度丢失的现象。

（3）避免择优取向

克服择优取向通用方法是使粉末试样尽可能细化。

7.5 单晶 X 射线衍射仪

单晶 X 射线衍射仪是确定未知晶体结构的重要手段。与粉末多晶衍射仪一样，单晶 X 射线衍射仪也包含了 X 射线发生装置、测角仪、探测器和计算机控制与记录系统等部分。与前者主要的区别在于，单晶 X 射线衍射仪器测量中，入射 X 射线的方向以晶体的晶轴系为参考坐标。因此，需要一套用来精确调整和控制晶体取向的精细机构（试样台），通过三维旋转单晶试样，记录不同晶面族的衍射信息。这是单晶衍射仪与多晶粉末衍射仪之间最显著的区别。

目前测定单晶试样的晶体结构时，最常用的是四圆衍射仪（常见于室内光源），此外还有六/八圆衍射仪（见于同步辐射光源）、双晶衍射仪和多重晶衍射仪等。单晶 X 射线衍射仪的探测器在各个衍射方向上逐点收集衍射光束的光子数，以确定各个衍射晶面的衍射强度，进而确定待测单晶对应的倒易点阵，并经结构精修获得正空间的晶体结构信息。

近年来，为了提高信号接收速度，也发展了 X 射线二维探测技术，即面探测器，包括电荷耦合器件（CCD）、互补金属氧化物半导体（CMOS），以及最先进的光子型等。其特点是，探测器为平面或曲面，可成倍提高数据收集速度。并且，由于高的灵敏度，对于弱衍射能力或小尺寸晶体的试样，也能获得高质量的衍射数据。目前，已成为 X 射线单晶结构分析的重要手段。

习题与思考题

7-1　基于衍射原理说明衍射方法的分类及各自的优、缺点。

7-2　比较德拜照相法和衍射仪法的优、缺点。

7-3　说明 Debye-Scherrer 衍射几何的基本原理。

7-4　简述 X 射线衍射仪的基本构造。

7-5　说明 Bragg-Brentano 衍射几何的特点以及 θ-2θ 联动的原理。

7-6　晶体单色器的工作原理是什么？能否消除 $K_{\alpha 2}$ 辐射？

7-7　为了消除试样荧光辐射使 X 射线衍射花样形成背底，应该将晶体单色器安装在入射光路还是衍射光路上？

7-8　用单色 X 射线照射多晶试样，试描述背射照片上的衍射花样特征。

7-9　描述用衍射仪获得的衍射花样的基本特征，用于表征衍射花样的参数有哪些？

7-10　用 X 射线衍射仪对平板试样进行 θ-2θ 扫描方式的衍射实验时，X 射线照射试样的体积和吸收因子随衍射角如何变化？

7-11　用 X 射线衍射仪以 θ-2θ 扫描方式测定多晶试样，得到的衍射峰所对应的晶面与试样表面是什么关系？

7-12　用多晶 X 射线衍射仪，以 θ-2θ 扫描方式对单晶体进行衍射实验，是否有可能观测不到衍射线？为什么？

7-13　粉末多晶材料的 X 射线衍射谱中，衍射线条的数目往往是有限的，原因是什么？

7-14　在多晶粉末的 X 射线背射衍射花样中，衍射环的半径越小，其对应的衍射面的晶面间距越大还是越小？

7-15　倘若使用多晶 X 射线衍射仪照射单晶试样，得到的衍射图谱会是怎样的？

第 8 章

物相分析与点阵常数的精确测定

本章介绍如何应用 X 射线粉末多晶衍射技术进行物相分析和点阵常数测定。X 射线物相分析又分为定性分析和定量分析，前者回答物相"是什么"，后者回答物相"有多少"的问题。我们知道相同元素可以构成多种物相，例如，石英的主要化学成分是氧和硅，化学式为 SiO_2，它具有立方、六方、正交、四方、单斜、三斜等多种类型的晶体结构。常规的成分分析方法（如化学分析法和荧光分析法）只能确定试样的元素组成，无法准确测定物相为何。相比之下，X 射线衍射技术能够鉴定由各种元素组成的物相结构信息。此外，如果已知试样的化学成分，可显著提高物相结构鉴定的效率。因而，X 射线衍射物相鉴定技术和常规成分分析技术在材料成分和结构表征中起到相互补充的作用。

8.1 物相定性分析

X 射线粉末多晶衍射物相定性分析是以 X 射线衍射谱中衍射峰的位置和强度为基本依据，确定试样中的物相组成。

8.1.1 基本原理和方法

X 射线衍射物相定性分析的基本原理是，任何一种结晶物质都具有特定的晶体结构（即晶胞参数和具体内容有所不同），在一定波长的 X 射线照射下，每种物相均会给出各自特有的衍射花样。换句话说，衍射花样具有物相的指纹特征，这就使得每一种晶体物质和它的衍射花样之间存在——对应关系。如图 8-1（a）所示，衍射峰的位置（2θ）取决于晶体结构，而衍射峰的强度（I）取决于晶胞的点阵类型和具体组成内容。多相试样的衍射花样则是其所含各个物相衍射花样的机械叠加。

X 射线粉末多晶衍射物相定性分析需考虑两方面：一方面，根据布拉格衍射条件（$2d\sin\theta=\lambda$），由衍射信息可计算晶面间距 d 值，但不同波长的 X 射线照射同一试样获得的粉末衍射图样会有所不同。如图 5-10 所示，分别使用 Cu-K$_\alpha$ 和 Mo-K$_\alpha$ 照射金刚石，同一衍射面的衍射峰位置（2θ）不同。另一方面，基于粉末多晶衍射强度理论，衍射强度的绝对值也与测量条件有关，如入射光强度、照射试样的体积等。相比之下，各衍射峰的相对衍射强度（I/I_1）则与测量条件无关，仅仅取决于试样自身的结构参量。

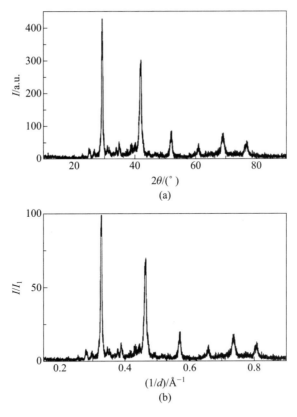

图 8-1　X 射线衍射图谱用（2θ，I）表征（a）和经归一化处理后的表征（b）

由此可知，由于受 X 射线衍射实际测量条件的影响，基于 2θ（衍射峰位置）和 I（衍射峰积分强度）表征的衍射图谱不具有唯一性。相比之下，若采用 d（与衍射峰位置对应的晶面间距）和 I/I_1（衍射峰相对积分强度，即衍射峰强度与最高衍射峰强度 I_1 之比）来表征，则能够保证衍射图谱与材料结构之间的一一对应性，如图 8-1（a）和（b）所示。基于此，通常以（d，I/I_1）数据组的形式来展示物相的衍射花样。而物相自身的一套（d，I/I_1）数据组也正是用于 X 射线衍射物相定性分析的基础判据。

X 射线粉末多晶衍射物相定性分析的基本方法是，将测得的试样衍射图样与已知结构的标准衍射谱（d，I/I_1）数据组进行对比，以鉴定试样中存在的物相。目前广泛应用的一种分析方法是，与粉末衍射卡片库中 PDF（powder diffraction files）卡片信息对比。每张 PDF 卡片上列出了粉末衍射图样的基本数据，包括衍射峰所对应的指数、面间距和衍射强度等。可以说，每张 PDF 卡片就是一个物相的"身份证"。

8.1.2　PDF 卡片与分析软件

（1）　PDF 卡片简介

最早美国哈纳瓦特（J. D. Hanawalt）等人于 1938 年创建 PDF 卡片的雏形，采用晶面间距（d）和相对衍射强度（I/I_1）构成衍射数据信息，即以（d，I/I_1）数据组描述衍射花样。1942 年美国材料试验协会（ASTM）出版了约 1300 张衍射数据卡片，称为 ASTM 卡片。1969 年成立了粉末衍射标准联合委员会，负责编辑和出版粉末衍射卡片，统称为 PDF 卡片。现在由国际衍射数据中心（International Center for Diffraction Data，ICDD）负责 PDF 卡片的收录与更新。

（2）PDF 卡片内容

PDF 卡片内容由多个区域构成，经过多次演变，形式可能略有不同，但内容基本相同。图 8-2 以 NaCl 的 PDF 卡片为例，展示了 PDF 卡片的内容，包含资料来源、部分晶体学数据、物理性质以及定性相分析所需的必要数据。

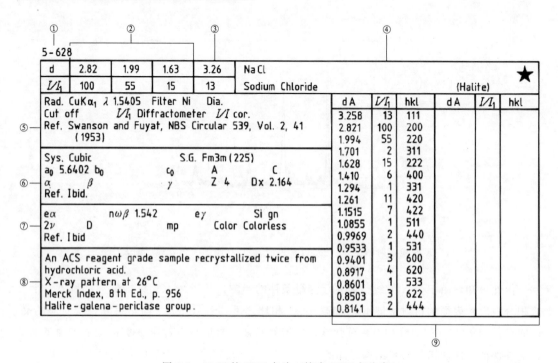

图 8-2　NaCl 的 PDF 卡片（摘自 PDF 卡片库）

区域①——卡片编号。

区域②——强度最高的三个衍射线条（或峰）的（d，I/I_1）数据组。

区域③——强度为第四高的衍射线（峰）信息。

区域④——试样的化学信息。该区域右上方的标识表示数据可信度：★表示信息高度可靠；i 表示可靠性不如前者，指数已经标定和衍射强度为估计值；o 表示可靠性较差；c 表示数据为计算模拟值。

区域⑤——实验参数。包括 X 射线源的种类、X 射线波长等。早期通常由德拜照相法获得材料的衍射信息，实验参数包括滤波片材料、圆筒内径、该装置所能测得的最大面间距、光阑尺寸、衍射强度测量方法、相关参考资料等信息。

区域⑥——晶体学参数。一般包括晶系、点阵常数（通常为室温测试结果，在 PDF 卡片中的标记为 a_0、b_0、c_0、α、β、γ）、轴比 $A(a_0/b_0)$、轴比 $C(c_0/b_0)$、晶胞中的原子或化学式的单元数目（Z）、参考资料等。

区域⑦——光学参数。一般包括折射率、光性正负、光轴夹角、密度、熔点、颜色、参考资料等。

区域⑧——备注栏。如试样化学成分、来源、制备手段、热处理等信息。此外，旧卡片删除情况和衍射图样测定温度等也标注于此。

区域⑨——衍射谱中各衍射线条或衍射峰对应的晶面间距（d，Å）和相对强度（I/I_1，最强线强度定义为100）以及晶面指数。具体次序按晶面间距从大到小的顺序列出。

（3）PDF 卡片应用

PDF 卡片主要应用于物相检索。早期人工检索阶段，为提高检索效率，通常遵循的索引原则为三强线法，即对比标准 PDF 卡片中三条强度最高的衍射线条或衍射峰所对应的晶面间距（d）和相对强度（I/I_1）后，粗略确定所研究的未知物相。如果这三条衍射线条信息相符，再对比其他衍射线条数据，最终实现未知物相的精确鉴定。

随着计算机技术的革新，PDF 卡片的检索方式经历了多次演变。当前主要的方式是采用自动检索软件，通过图形对比来确定未知物相，或检索多物相试样中可能存在的物相。例如，常使用国际衍射数据中心的 PDF 数据库和美国材料数据公司（Materials Data Inc，MDI）的衍射分析软件 MDI-JADE。近年来，也有其他衍射数据分析软件不断问世。例如，中国科学院物理研究所董成研究员开发的 Epcryst 软件，在求解无机物的晶体结构和对称性高的晶体结构时效率很高，具有友好的用户图形界面，能实时显示晶体结构图，以及对比计算模拟和实验测量的衍射图谱，且能生成晶体结构文件。使用 MDI-JADE 软件分析衍射图谱时，需要将衍射数据（一般为 RAW 格式）导入软件中；而使用 Epcryst 软件分析衍射图谱时，需要指定备选的晶体结构。

物相定性分析的一般步骤为：①确定试样的元素组成，若元素未知，可先通过荧光光谱分析等手段确定元素信息；②基于试样所含元素类型，通过物相分析软件进行计算机自动检索，搜索出由这些元素构成的所有可能物相；③将上步检索到的物相 PDF 卡片信息与所测试样的（d，I/I_1）衍射数据进行对比，以确定与实验所测衍射数据符合度最高的物相。总之，物相定性分析的核心就是，以 PDF 卡片库中（d，I/I_1）数据为基准，通过与实验测量的衍射数据对比确定物相类型。

8.1.3 基于单晶结构构建粉末衍射

理想情况下，基于 X 射线粉末衍射实验获得衍射峰数据后，便可进行物相鉴定。但是，实验数据可能受某些干扰因素影响而引入一定误差。例如，实验中 X 射线衍射仪器本身的误差，测试试样纯度和结晶度偏差，试样可能存在晶面取向和衍射峰的标定偏差等。近年来，基于单晶结构计算模拟粉末衍射，能够构建出相对可靠的粉末衍射图谱，已逐渐发展成为一项常用技术，用作实验获得 PDF 数据的有力补充。PDF 数据库也收录了部分通过单晶结构计算模拟得到的粉末衍射数据（标识为 c）。此外，通过单晶结构计算模拟粉末衍射的方法，也解决了部分粉末衍射法测量 2θ 角范围受限的问题。

通过 X 射线衍射实验测量和结构解析能够获得单晶结构数据，但部分单晶结构数据没有实验结果，而是来源于理论预测。相关的单晶结构信息通常由一个 cif 文件提供。该文件记录了单晶结构数据，单晶体的形貌、颜色和尺寸以及衍射实验信息。其中，衍射实验信息收录了衍射点总数、数据一致性评价因子、温度和原子热振动、文献信息及作者等。其中，单晶结构数据是用于计算模拟粉末衍射的最关键信息，由三部分内容构成：空间群、晶胞参数和对称性独立原子坐标[❶]。由第 4、5 章中的衍射理论可知，单晶的点阵类型、晶胞参数、原子种类及原子在单胞中的位置，在模拟过程中决定着 X 射线衍射线条或衍射峰的位置和强度。下面对空间群、晶胞参数和对称性独立原子坐标作简要介绍。

（1）空间群

在第 3 章中提到，晶体中的结构基元具有三维周期性重复特点，也就是具有三个方向上的平移对称性。结构基元具有 32 种点群对称性，它们与平移对称性相结合产生 230 种空间群对称性，可通过国际晶体学表（International Tables for Crystallography）查询各个空间群信息。

（2）晶胞参数

晶胞参数由晶胞三个方向基本矢量的长度 a、b、c 以及它们之间的夹角 α、β、γ 构成。通过第 4 章的介绍可知，在粉末衍射数据的计算模拟中，这些参数将决定 X 射线的衍射方向。

（3）对称性独立原子坐标

单晶结构的正空间描述中，一般以分数坐标（参见 3.1.3 节）的形式给出原子在单胞中的位置，通过坐标 (x, y, z) 的形式表示。由于晶胞中的原子占位存在对称性，只需要给出对称性独立原子的坐标，再结合相应的对称性操作，就能够产生出晶胞中所有原子的位置坐标。例如，对于存在四次旋转轴的情形，不在旋转轴上的原子可以通过旋转轴操作产生四个对称性等价的原子占位。因而，为简捷起见，只需要给出其中一个原子坐标即可。在晶胞中，对称性独立原子所处位点的对称性越高，能通过对称操作产生出的原子数越多；反之，对称性越低则能产生的原子数越少。空间群表中给出了所有对称性独立原子的位置信息，并将其定义为乌科夫（Wyckoff）位点。例如，对于铜金属，晶胞中只有一个对称性独立的 Cu 原子，占据坐标为 $(0, 0, 0)$ 的位点，该空间群共有 192 种对称操作，乌科夫位点数字最大值为 192。根据 Cu 原子的分数坐标，通过对称操作能从原子占位 $(0, 0, 0)$ 产生出另外三个原子的分数坐标，分别为 $\left(0, \frac{1}{2}, \frac{1}{2}\right)$、$\left(\frac{1}{2}, 0, \frac{1}{2}\right)$、$\left(\frac{1}{2}, \frac{1}{2}, 0\right)$。图 8-3 给出了通过单晶结构计算模拟光学物质铌酸锂（$LiNbO_3$）的粉末衍射图谱。

基于单晶结构可使用软件实现粉末衍射模拟，常用软件有 Mercury、Diamond、CrystalMaker 等。其中，单晶结构可从单晶数据库查得。当前，代表性的单晶数据库有剑桥晶体数据中心（CCDC）、无机晶体结构数据库（ICSD）和开放晶体结构数据库（COD）。采用软件模拟粉末衍射数据时，导入单晶数据库中的结构文件，并设置模拟实验的 X 射线波长，模拟实验的 2θ 起始、结束角度范围和步长，以及半高宽等参数，就能够获得 X 射线粉末衍射图谱的模拟结果，同时也可以获得衍射晶面指数、强度和晶面间距等信息。

---

❶ 对称性独立原子坐标的详细介绍见参考文献 [35]。

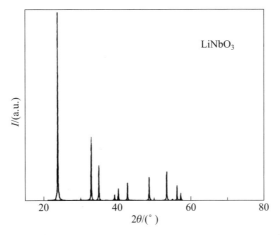

图 8-3 基于单晶结构并利用 Mercury 软件模拟（使用波长为 1.54Å 的 X 射线）
获得的铌酸锂（$LiNbO_3$）粉末衍射图谱

8.2 物相定量分析

由多个物相组成混合物的粉末衍射图样，会呈现各个物相对应的多条衍射线条或衍射峰的叠加结果。根据衍射线条或衍射峰强度能确定各物相的含量，这就是物相定量分析。

定量相分析的方法很多，其发展历程也比较漫长。早在 1936 年，人们首次利用 X 射线衍射定量分析了矿粉中的石英含量；1948 年由亚历山大完善了内标法；1974 年，华裔科学家钟焕成（F. H. Chung）等在改进内标法的基础上发展了 K 值法。此外，还有绝热法和直接比较法等。本节重点介绍定量相分析的基本原理以及常用的分析方法，如单线条法、内标法、K 值法和直接比较法。

8.2.1 基本原理

X 射线粉末衍射定量分析的理论依据是，混合物中某个相（如其中某相 j）的衍射线条或衍射峰强度 I_j 与该相参与衍射的体积 V_j 成正比。重写衍射线条或衍射峰积分强度公式［式（5-33）］，并使用衍射仪法中平板试样的吸收因子 $A(\theta) = \dfrac{1}{2\mu_1}$，于是有

$$I_{j-HKL} = \left[\frac{I_0}{32\pi R} \times \left(\frac{e^2}{4\pi\varepsilon_0 mC^2} \right)^2 \lambda^3 \right] \left(|F_{HKL}|^2 \frac{1}{V_0^2} P_{HKL} \frac{1+\cos^2 2\theta}{\sin^2\theta\cos\theta} e^{-2M} \frac{1}{2\mu_1} V_j \right)$$

式中各参量的物理意义已在第 5 章详细介绍过，这里不再赘述。由于第一个中括号中的参数与测量仪器有关，与试样无关，令

$$C = \frac{I_0}{32\pi R} \left(\frac{e^2}{4\pi\varepsilon_0 mC^2} \right)^2 \lambda^3$$

第二个括号中的参数与具体的物相有关，令

$$K_j = |F_{HKL}|^2 \frac{1}{V_0^2} P_{HKL} \frac{1+\cos^2 2\theta}{\sin^2\theta\cos\theta} e^{-2M}$$

于是，积分强度公式可简化为

$$I_{j-HKL} = CK_j \frac{V_j}{2\mu_1} = C_j \frac{V_j}{\mu_1} \tag{8-1}$$

对于多相试样，各物相的吸收系数 μ_j 不同，则试样总的吸收系数 μ_1 随物相含量而变化，即 μ_1 是 V_j 的函数。这样，某一物相的衍射强度 I_j 与该物相的体积 V_j 不再成线性关系。具体解释如下

$$\begin{cases} V_j = Vv_j = V\dfrac{w_j\rho}{\rho_j} \\[3mm] \mu_1 = \mu_m\rho = \rho\displaystyle\sum_{j=1}^{n}\mu_{mj}w_j \end{cases}$$

式中　V——参与衍射的总体积，m^3；

　　　v_j——物相 j 的体积分数；

μ_m，μ_{mj}——混合物或其中 j 相的质量吸收系数，cm^2/g；

　　　ρ——混合物密度，g/cm^3。

混合物中任一物相 j 的积分强度公式［式（8-1）］可进一步表示为

$$I_{j-HKL} = CK_j \frac{V_j}{2\mu_1} = CK_j \frac{\dfrac{Vw_j\rho}{\rho_j}}{2\rho\displaystyle\sum_{j=1}^{n}w_j\mu_{mj}} = C_j \frac{w_j}{\rho_j\mu_m} \tag{8-2}$$

式中　w_j——j 相在混合物相中的质量分数；

　　　ρ_j——j 相的密度，g/cm^3。

可见，式（8-2）中 j 相的质量分数不但出现在分子中，还出现在分母中，使得某一物相 j 的衍射强度和相应质量分数之间的关系变得比较复杂，导致二者并非完全成线性关系。

由以上分析可知，定量相分析与定性相分析的关注点不同。如果说定性分析的关注点是整个衍射图样的构成，定量分析关注的则是某条特征衍射线条或衍射峰的强度。因而，在选择某个物相的特征衍射线条或衍射峰时，应使它的强度尽量高，且与其他衍射线条或衍射峰之间尽量分离，避免出现衍射峰重叠。此外，定量相分析需要注意两点：①试样制作时，应令各相的颗粒足够细，且混合足够均匀，以使得所测数据能代表试样整体情况；②衍射强度测量时，应保证较高的精度，以便为相含量计算提供可靠依据。

8.2.2　常用方法

（1）单线条法

单线条法适用于混合物相的线吸收系数和密度都相近的情况。例如，同质异构的多晶型 $\alpha\text{-}Al_2O_3$ 和 $\gamma\text{-}Al_2O_3$ 的混合物。通过直接对比混合试样中 j 相的某根单线条与纯 j 相的同一根单线条的衍射强度，确定混合物相中 j 相的含量。根据 8.2.1 节中介绍的如下基本原理

$$I_{j-HKL} = CK_j \frac{V_j}{2\mu_1} = C_j \frac{w_j}{\rho_j\mu_m}$$

可知，在混合物中和纯 j 相中的 j 相衍射强度之比，与 j 相含量存在如下关系

$$\frac{I_{j-HKL}}{I_{j_0-HKL}} \propto v_j \ \text{或} \ w_j \tag{8-3}$$

式中　I_{j_0-HKL}——同条件下纯 j 相的衍射面（HKL）强度。

（2）内标法

内标法适用于待测混合样含有两个或多个已知物相的情况。首先，基于已知物相预先配制出不同质量比的多组混合物；其次，选择一个化学性质足够稳定的物质，该物质称为内标物或内标样（S 相）。将 S 相按一定质量分数加到上述已知相组成的混合物中，并对添加内标物的多组混合物做 X 射线衍射分析，分别确定其中待测相（A 相）与内标物的某一根衍射线条或衍射峰，求得强度比；之后使用测得的衍射强度比与未加内标物前混合物中 A 相的质量分数绘制定标曲线。定标曲线存在多种可能的函数关系，如图 8-4 所示。为确定待测混合物中 A 相含量，在其中加入与待测混合试样等质量的内标物（S 相），利用 X 射线衍射测量 A 相和 S 相各自代表性的一根衍射线条或衍射峰强度之比；最后将测量值与"定标曲线"对照，便能够确定待测混合试样中 A 相的含量。

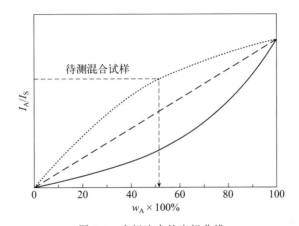

图 8-4　内标法中的定标曲线

［加入内标物后，待测相（A）和内标物（S）的衍射强度比（I_A/I_S）与混合物中 A 相质量分数（w_A）之间存在多种可能的函数关系］

【例 8-1】测定石英（A）-刚玉（B）混合物中石英（A）含量，以萤石（S）作为内标物质。

解：

① 配制多个 AB 混合物样本，使之含有不同质量分数（w_A）的 A 相。注意：此时未加入内标物质。

② 混入内标物，在上述已知相组成的 A-B 混合物中加入等质量的内标物 S（即 w_{AB}：$w_S = 1 : 1$）。

③ 对②中加入内标物的混合物（A-B-S）进行 X 射线衍射测量，选择 A 与 S 各自的最强衍射线条或衍射峰，绘制 I_A/I_S-w_A 定标曲线，w_A 是 A 相在 A-B 二元混合物中的质量分数。

④ 将内标物 S 与待测样 A-B 以相同质量混合，测得衍射线条或衍射峰强度比 I_A/I_S，对照定标曲线，得到 A 相在待测样 A-B 中的质量分数。

（3）K 值法

假设加入内标物之前 j 相的质量分数为 w_j；加入内标物后，j 相和内标物在新混合物中的质量分数分别为 w_j' 和 w_S'。于是，根据式（8-2），j 相和内标物的衍射强度可分别表示为

$$I_{j-HKL} = C_j \frac{w_j'}{\rho_j \mu_m}$$

$$I_{S-HKL} = C_S \frac{w_S'}{\rho_S \mu_m}$$

二者的衍射强度之比存在如下关系

$$\frac{I_{j-HKL}}{I_{S-HKL}} = \frac{\rho_S C_j w_j'}{\rho_j C_S w_S'} = C' \frac{w_j'}{w_S'} \tag{8-4}$$

$$w_j = \frac{w_j'}{1-w_S'} \tag{8-5}$$

式（8-4）中 I_{j-HKL} 和 I_{S-HKL} 的取值由衍射实验测定，而 w_S' 为新混合物中人为添加的内标物含量，也是已知量。如果按照内标法，需要以多组衍射强度比值 $\frac{I_{j-HKL}}{I_{S-HKL}}$ 和 w_j 作定标曲线图，由曲线斜率求得系数 C'。内标法的缺点是系数 C' 与内标物的选择有关。

华裔学者钟焕成对内标法进行改进，消除了上述缺点，称为 K 值法。该方法的基本思路如下：根据式（8-4）和式（8-5），选择一个内标物（S 或者 A），配制该内标物与任一待测物相的质量比为 1∶1 的两相混合物。由于此时 $w_j' = w_S'$，则有衍射强度比 $\frac{I_{j-HKL}}{I_{S-HKL}} = C'$，记录为与内标物和待测物相关的材料常数。因此，选择一个化学性质稳定，适用于众多物相的内标物至关重要。通常使用刚玉（α-Al_2O_3，纯度高于 99.9%，粒径小于 40 μm）作为内标物 A，令待测物与刚玉按 1∶1 质量比混合，取被测相最强峰与刚玉最强峰的强度比值，定义为参比强度 K_A。在后期国际衍射数据中心（ICDD）发布的 PDF 卡片中，参比强度 K_A 值可以直接从索引中查得 ❶。这样，式（8-4）写为

$$\frac{I_{j-HKL}}{I_{S-HKL}} = K_A \frac{w_j'}{w_S'} \tag{8-6}$$

于是，基于衍射测量数据并联合式（8-5）和式（8-6），即可确定混合物中 j 相的质量分数 w_j。

K 值法是在内标法的基础上发展起来的，也是内标法的一个特例。与传统的内标法相比，主要差别在于比例常数的处理方式不同：①绘制内标法的定标曲线时，一般要预先配制至少三个试样；在不同的试样中，S 相质量分数要保持恒定，而 j 相含量在各试样中做规律变化以绘制定标曲线。在 K 值法中，只需在待测样中加入内标物质刚玉，不用绘制定标曲线，且不要求内标物含量恒定，也不需配制 j 相含量规律变化的混合物。可见，采用 K 值

---

❶ PDF 卡片中参比强度标记为 I/I_c 或 I/I_{cor}。

法，免去了许多繁复的实验，使分析步骤更为简化。②K 值法中的 K 值作为材料常数具有物理意义，反映材料对 X 射线的衍射能力，一个精确测定的 K 值具有普适性。

【例 8-2】 已知试样由莫来石（M）、石英（Q）和方解石（C）三种相组成。使用刚玉（A）作为内标物，向待测试样中掺入质量分数 69％的 A 后制得混合物，进行 X 射线衍射测量，发现混合物中各个物相最高峰的强度为：$I_{M(最高峰)}$＝922，$I_{Q(最高峰)}$＝8604，$I_{C(最高峰)}$＝6660，$I_{A(最高峰)}$＝4829。求试样中各相含量。

解：

① 经查表，得知各待测相的参比强度分别为 K_A^M＝2.47，K_A^Q＝8.08，K_A^C＝9.16。

② 将混合物中各相的最高峰强度和参比强度以及标准物掺入量分别代入 K 值法的计算公式 [式（8-5）、式（8-6）] 中，计算结果如下。

$$w_M'=\frac{922}{4829}\times\frac{0.69}{2.47}=0.05334,\quad w_M=\frac{0.05334}{1-0.69}=17.3\%;$$

$$w_Q'=\frac{8604}{4829}\times\frac{0.69}{8.08}=0.15215,\quad w_Q=\frac{0.15215}{1-0.69}=49.1\%;$$

$$w_C'=\frac{6660}{4829}\times\frac{0.69}{9.16}=0.10389,\quad w_C=\frac{0.10389}{1-0.69}=33.6\%。$$

③ 待测试样中莫来石（M）、石英（Q）和方解石（C）三种相的含量分别为 17.3％、49.1％和 33.6％。

（4）直接对比法

对于一些材料体系，难以配制均匀的混合试样，或是在某些条件下不适合掺杂，如高温等特殊环境下的定量分析。若试样由两个化学物质相近的物相组成时，通常可采用直接对比法。该方法尤其适用于材料发生相变前后各相含量的分析，如固固相变。

直接对比法的基本原理介绍如下。混合物中某相 j 的衍射线条或衍射峰强度满足关系

$$I_j=C_j\frac{Vv_j}{\mu_1}$$

假设一物相 γ 在一定条件下向 α 相转化，在未完全转化时形成两相混合的情况。由于两个物相成分接近，吸收系数基本相同，则 γ 与 α 两相中衍射面（$H_1K_1L_1$）与（$H_2K_2L_2$）的两根衍射线条或衍射峰的强度之比为

$$\frac{I_{\gamma-H_1K_1L_1}}{I_{\alpha-H_2K_2L_2}}=\frac{C_\gamma v_\gamma}{C_\alpha v_\alpha}$$

根据粉末多晶衍射强度公式 [式（5-33）]，C_α 和 C_γ 存在如下关系

$$\frac{C_\gamma}{C_\alpha}=\frac{\left[\dfrac{P|F|^2}{V_0^2(\gamma)}\varphi(\theta)e^{-2M}\right]_\gamma}{\left[\dfrac{P|F|^2}{V_0^2(\alpha)}\varphi(\theta)e^{-2M}\right]_\alpha}$$

因待测试样中有两种相，则存在关系式

$$v_\gamma + v_\alpha = 1$$

于是，γ 相的体积分数为

$$v_\gamma = \cfrac{1}{1 + \cfrac{I_\alpha C_\gamma}{I_\gamma C_\alpha}}$$

(8-7)

【例 8-3】 X 射线衍射法测量马氏体（α 相）和奥氏体（γ 相）两相混合物，测量结果中 α 相 $(211)_\alpha$ 的 $2\theta = 99.6°$，衍射峰积分强度为 45924，而 γ 相 $(311)_\gamma$ 的 $2\theta = 111.1°$，衍射峰积分强度为 14797。计算两相的体积分数。

解：

查表、计算结合确定 α 相的晶胞参数、晶胞体积、原子散射因子、结构因子、多重性因子、角因子和温度因子。

① 首先分别计算 α 相衍射晶面 $(211)_\alpha$ 和 γ 相衍射晶面 $(311)_\gamma$ 的常数 C。

$$
\begin{aligned}
C_\alpha &= \frac{1}{V_0^2} |F_{HKL}|^2 P_{HKL} \frac{1 + \cos^2 2\theta}{\sin^2 \theta \cos \theta} e^{-2M} \\
&= 1787.2 \times 361.0 \times 24 \times 2.73 \times 0.891 \\
&= 3.766 \times 10^7
\end{aligned}
$$

同理，计算得到 $C_\gamma = 3.679 \times 10^7$。

② 根据式（8-7），计算 γ 相的体积分数。

$$v_\gamma = \cfrac{1}{1 + \cfrac{45924 \times 3.679 \times 10^7}{14797 \times 3.766 \times 10^7}} = 24.8\%$$

③ 于是，α 相的体积分数为：

$$v_\alpha = 1 - v_\gamma = 75.2\%$$

8.2.3 非晶材料结晶度测量

非晶材料在自然界普遍存在，由于其能量上处于亚稳态，在一定条件下会发生晶化，结晶度的精确测量是理解非晶材料晶化动力学的重要途径之一。在发生部分晶化试样的 X 射线衍射谱图（如图 8-5 所示）中，往往观察到在"鼓起来"的非晶背底上出现多个衍射峰的现象，这是由晶态和非晶态共存造成的。第 6 章已经介绍过非晶态材料的 X 射线衍射谱，通常以弥散峰的形式出现，而晶态衍射以尖锐衍射峰的形式出现。

结晶度是影响非晶材料尤其是高分子材料物理性能的重要因素之一。非晶材料中结晶部分所占的质量分数（或体积分数，考虑到非晶相与晶化相密度差别不大）定义为结晶度 X_C。

$$X_C = \frac{w_C}{w_C + w_A} \times 100\%$$

式中 w_C——结晶部分的质量分数；

w_A——非晶部分的质量分数。

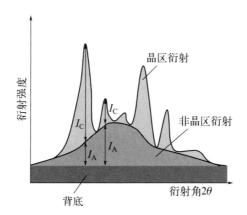

图 8-5　晶相和非晶相共存体系的 X 射线衍射图谱

（I_C，I_A 分别为晶态与非晶态衍射强度）

X 射线衍射实验中，把衍射花样的总面积（即积分强度）作为结晶部分和非晶部分的总衍射强度。为测定结晶度，需把结晶部分（或非晶部分）的衍射强度从总衍射强度中分离出来。常用且较为简单的 X_C 测定方法是，使用分峰拟合方法分离结晶和非晶部分的衍射峰（如图 8-6 和图 8-7 所示）后，计算晶相衍射峰面积与总衍射峰面积（晶区和非晶区的散射总面积）之比，进而确定结晶度

$$X_C = \frac{A_C}{A_T} \times 100\% = \left(1 - \frac{A_A}{A_T}\right) \times 100\% \tag{8-8}$$

式中 A_C——晶相的衍射峰面积；

A_A——非晶相的衍射峰面积；

A_T——衍射峰总面积。

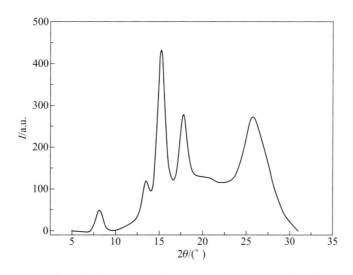

图 8-6　等温退火制备的聚萘二甲酸丙二醇酯（PTN）薄膜的 X 射线衍射谱

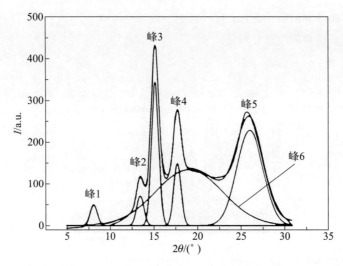

图 8-7　等温退火制备的聚萘二甲酸丙二醇酯（PTN）薄膜 X 射线衍射图的分峰拟合处理

实际测量情况则更为复杂，为了获得较精确的结果，通常需要先做扣背底处理，即扣除背底部分的面积后，分别计算结晶部分和非晶部分对衍射强度的贡献。

【例 8-4】 120℃退火 2h 后，聚萘二甲酸丙二醇酯（PTN）试样的 X 射线衍射谱图见图 8-6，求 PTN 试样的结晶度。

解：通过分峰拟合方法分离结晶相和非晶相的衍射峰，如图 8-7 所示。图 8-7 中，峰 1～5 是结晶衍射峰，峰 6 是非晶峰。分峰拟合得到非晶相面积为 1284.39，总衍射面积为 2788.27。

根据式（8-8），可以确定结晶度

$$X_c = \left(1 - \frac{A_c}{A_T}\right) \times 100\% = \left(1 - \frac{1284.39}{2788.27}\right) \times 100\% = 55.2\%$$

8.3　点阵常数的精确测定

点阵常数是描述晶体结构的基本参数，它随化学组分和外界条件如温度和压力而变化。晶态物质的键合能、密度、热膨胀、固溶体类型、固溶度、固态相变、宏观应力等，都与点阵常数的变化密切相关。通过测定点阵常数的变化，能帮助理解晶态材料结构的变化规律和物理特征。但由于点阵常数的变化量通常很小，约在 10^{-3} nm 数量级，要反映如此微小的变化，必须精确地测定点阵常数。随着实验技术的不断发展和进步，点阵常数的测量精度得到了大幅提高，当前技术的测量精度可达到 10^{-5} nm 数量级。

8.3.1　基本原理

X 射线衍射法测定点阵常数的基本依据是晶面间距和衍射指数。衍射花样标定之后，每一个衍射线条或衍射峰均有了相应的 H、K、L 和 d 值，将 H、K、L 和 d 值代入各晶系的晶面间距公式，即可计算出点阵常数。由于不同晶系点阵常数的个数不同，为此需要求取的未知参量个数也不同。当未知参量个数超过 1 时，需联立方程组求解。以立方点阵未知物相为例，表观上只需用任一条衍射线条或衍射峰就能求得点阵常数 a。根据立方晶系面间距公式

$$d = \frac{a}{\sqrt{H^2 + K^2 + L^2}}$$

联合布拉格方程 [式（4-5）]，可得

$$a = \frac{\lambda}{2\sin\theta}\sqrt{H^2 + K^2 + L^2} \tag{8-9}$$

与立方晶系不同的是，三斜晶系有 7 个点阵常数待求解。因而，必须用 7 条衍射线条（或者衍射峰）对应 d 值建立方程组，通过解方程组方能获得全部点阵常数。除了用同一波长辐射得到的不同衍射线条或衍射峰建立方程组，也可以采用不同波长辐射下同一衍射面产生的衍射线条或衍射峰建立方程组。

由此可见，点阵常数的 X 射线测定是一种间接方法，它直接测量的是某一衍射线条或衍射峰对应的 θ 角，然后通过布拉格方程和晶面间距公式计算出点阵常数。其中，λ 为入射 X 射线波长，是经过精确测定得到的，有效数字可达 7 位数。对于一般分析测定工作，该精度已经足够高。此外，衍射指数是整数，不存在误差问题。所以，影响点阵常数测定精度的关键因素来自衍射峰位的角度测量误差，并进而引起 $\sin\theta$ 取值误差。$\sin\theta$ 与 θ 是非线性函数关系，当角度测量误差 $\Delta\theta$ 一定，在高角和低角下 $\sin\theta$ 数值误差不同。由此带来的问题是，衍射谱中使用哪一个衍射峰确定的点阵常数精度更高？

由式（8-9）可推导出

$$\frac{\Delta a}{a} = \frac{\Delta d}{d} = \frac{-\dfrac{\lambda\cos\theta}{2\sin^2\theta}\Delta\theta}{\dfrac{\lambda}{2\sin\theta}} = -\cot\theta\,\Delta\theta \tag{8-10}$$

式（8-10）为点阵常数测量误差与 θ 和 $\Delta\theta$ 的关系式。图 8-8 给出了角度测量误差 $\Delta\theta$ 相同时，低角处和高角处引起的 $\sin\theta$ 误差大小的对比情况。在低角处，$\sin\theta$ 的数值误差更大，而高角处的 $\sin\theta$ 数值误差变得很小。图 8-9 给出了角度测量误差 $\Delta\theta$ 取值不同时，晶胞参数的测量误差随衍射角 θ 的变化情况。不难发现，当 $\Delta\theta$ 较小时，在低角处由于 $\cot\theta$ 的数值较大，仍能引起相当显著的点阵常数误差值 $\left(\dfrac{\Delta a}{a}\right)$。

综上所述，要尽量减小角度测量误差（$\Delta\theta$），应采用高角度的衍射线条或衍射峰，即增加 θ 值，以减小点阵常数的计算误差。于是，在精确测量点阵常数时，尽可能选择高角度的衍射线条或衍射峰，以保证较高的精度。

8.3.2 误差产生原因和消除误差的方法

不同测试方法的误差来源不同，应采取的消除方式也不同。德拜照相法的误差来源于相

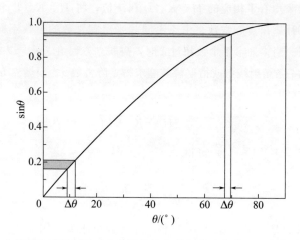

图 8-8　角度测量误差同为 $\Delta\theta$ 时低角处和高角处对应的 $\sin\theta$ 误差大小对比

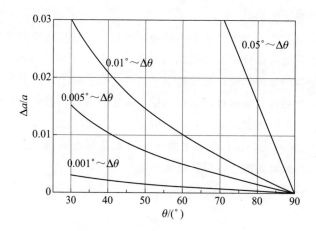

图 8-9　不同角度测量误差 $\Delta\theta$ 下点阵常数测量精度与掠射角 θ 的关系曲线

机半径、底片伸缩、试样偏心、试样吸收。通过选用适当的波长，得到尽可能靠近高角度的衍射线条或衍射峰，有利于减小测量误差。

衍射仪法的误差主要来源于衍射几何误差，包括平板试样误差、试样表面离轴误差、试样透明度误差和轴向发散误差。此外，还有来自其他方面的误差，例如，测角仪机械零点调整误差、$2\theta\text{-}\theta$ 的角驱动匹配误差、计数测量系统滞后误差。其中，计数测量系统滞后误差可通过步进扫描来降低；$2\theta\text{-}\theta$ 的角驱动匹配误差对同一台设备是固定不变的，可利用标准试样校正。接下来介绍如何利用外推法和标准样校正法消除误差。

（1）外推法

由式（8-10）可知，当 2θ 趋向于 $180°$ 时，等号右边趋近于零。因而，可以利用这一规律来进行数据外推处理，以降低衍射几何误差。将基于若干条衍射线条或衍射峰测得的点阵常数，按一定的外推函数 $f(\theta)$ 外推到 $\theta=90°$，这时系统误差为零，便可得到更精确的点阵常数。

需要注意的是，外推函数的恰当选择，有助于减小外推残余误差，获得更精确的点阵常数。以立方晶系的试样为例，一般以 $\cos^2\theta$ 外推，也有采用 $\cos^2\theta/\sin\theta$ 外推的，如图 8-10 所示。为减小人为主观因素，理想情况是直线外推法效果最好。具体操作方法是，通过测量试样中 $2\theta < 90°$ 的各衍射线条或衍射峰对应的 2θ，进而确定 a 值后，以 a 为纵坐标，$f(\theta)$ 为横坐标作图。根据图 8-10 中的数据点，求线性回归方程的截距，便能外推得到点阵常数的精确值 a_0。

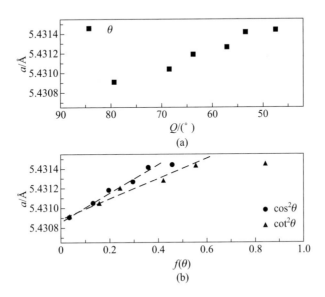

图 8-10 用外推函数 $f(\theta)=\theta$ （a）、$f(\theta)=\cos^2\theta$ 或 $\cot^2\theta$ （b）确定立方晶胞参数 a

（2）标准样校正法

在一些情况下，误差来源以及外推函数形式很难确定。这时可通过在待测试样中掺入一些稳定物质作为标准样，以校正待测试样的点阵常数。该方法的使用原则是，只有两条衍射线条或衍射峰的距离很近时，才能认为误差对它们的影响相同。常用的标准样见表 8-1。

表 8-1 标准样校正法中常采用的标准样基本情况

物质	纯度/%	点阵常数/Å
Al	99.990	4.050
Si	99.900	5.431
Ag	99.999	4.086
NaCl	99.999	5.640
CaF_2	99.999	5.426

为进一步提高精度，也需要做折射校正和温度校正。X 射线从空气进入试样时产生折射，因折射率接近 1，一般情况不需要校正；但是点阵常数测量精度为 10^{-3} nm 数量级时，需进行折射校正。同理，在非标准温度下测量时，由于存在热膨胀效应也应进行温度误差校正。

8.3.3 辐射源对晶胞常数测定的影响

利用衍射现象进行点阵常数的测定，理论上可采用三种不同的辐射源，分别是 X 射线衍射、中子衍射和电子衍射。X 射线是电磁波，不带电、无磁性、无静止质量，均匀介质中的传播速度不变，色散关系成简单线性关系，其波长（动量）与频率（能量）的关系见图 8-11。电子和中子是物质波，电子带负电，中子不带电，且二者具有一定的质量，在均匀介质中运动速度可变，色散关系成平方项。

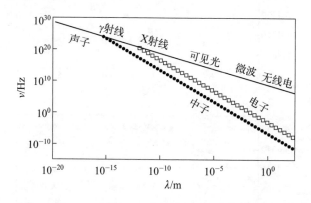

图 8-11　电磁波、电子和中子的色散关系

精确测定点阵常数时，中子衍射是应用较少的。这是由于中子的波长相对较大，且波长难于校准，导致衍射结果容易偏离真实值，且数据分散性较大。电子衍射有两种技术：一种是选区电子衍射技术。该技术因多数情况需要靠人眼分辨确定 2θ 角而引起较大误差，再加上相机长度、标尺等误差，很难得到精确的点阵常数测量结果。另一种是会聚束电子衍射，相较于选区电子衍射技术，精密性更高，但所测定的是非常局域化的微区信息，因点阵常数受微区应力/应变的影响程度较大，故也难以获得精确的点阵常数。相比之下，X 射线衍射，尤其是同步辐射，能更准确地测定点阵常数。晶体结构信息库中的点阵常数大多采用 X 射线衍射技术的测量结果。

8.3.4 $K_{\alpha 1}$ 和 $K_{\alpha 2}$ 衍射线条的分辨

第 2 章中提到，X 射线衍射测量中使用的 K_α 辐射由 $K_{\alpha 1}$ 和 $K_{\alpha 2}$ 构成，二者具有微小的波长差。根据布拉格方程，波长波动（$\Delta\lambda$）势必造成衍射峰位的变化（即存在 $\Delta\theta$）。基于布拉格方程，计算衍射角对波长的偏微分，推导得出

$$
\begin{cases}
2d\cos\theta\,\Delta\theta = \Delta\lambda \\[2mm]
\dfrac{\Delta\lambda}{\lambda} = \cot\theta\,\Delta\theta \\[2mm]
\Delta\theta = \tan\theta\,\dfrac{\Delta\lambda}{\lambda}
\end{cases}
\tag{8-11}
$$

由式（8-11）可知，在高角处，因系数 $\tan\theta$ 数值较高，微小的 $K_{\alpha 1}$ 和 $K_{\alpha 2}$ 波长差能产生明显的 θ 角差异，故高角处可分辨 $K_{\alpha 1}$ 和 $K_{\alpha 2}$ 对应不同的衍射线条或衍射峰，导致衍射谱中常出现高角处衍射峰的劈裂和宽化现象，见图8-12。相反，在低角处 $K_{\alpha 1}$ 和 $K_{\alpha 2}$ 对应的衍射线条或衍射峰太近，即 θ 值非常接近，不能区分开 $K_{\alpha 1}$ 和 $K_{\alpha 2}$ 的衍射线条或衍射峰。

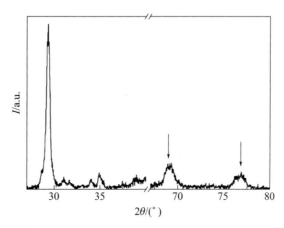

图8-12　$K_{\alpha 1}$ 和 $K_{\alpha 2}$ 间的微小波长差造成高角处衍射峰发生明显宽化和劈裂现象

8.3.5　点阵常数精确测定的应用

8.3.5.1　固溶体类型鉴定

固溶体分间隙型和置换型，二者均会引起晶胞点阵参数的改变。根据点阵常数的测定结果，可以采用两种方法进行固溶体类型的鉴定。

（1）方法一

基本步骤为：①用物理方法测定固溶体密度；②精确测定其点阵常数，由此计算单胞中的原子数；③与纯溶剂组元单胞中的原子数比较，以判断固溶体类型。

（2）方法二

根据固溶体点阵常数随溶质原子的浓度变化规律，可以判断溶质原子在固溶体点阵中的位置，从而确定固溶体类型，见图8-13。

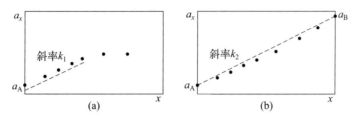

图8-13　间隙型固溶体（a）和置换型固溶体（b）的晶胞参数随溶质含量变化情况

① 间隙型固溶体　许多原子尺寸较小的元素如氢、氧、氮、碳、硼等，易溶解于金属材料的晶格间隙中，使基体的点阵常数增大。例如，碳在 γ 铁中使面心立方点阵常数增大。但

是，间隙型固溶体不能无限固溶，其溶解度存一个上限。当达到上限时，点阵常数不再变化，如图 8-13（a）所示。据此特征可判断是否为间隙固溶体。

② 置换型固溶体　如果溶质原子置换溶剂原子，将占据基体的阵点位置，如图 8-13（b）所示。对于立方点阵，点阵常数的增大或减小取决于溶质原子和溶剂原子的相对大小，前者大则点阵常数增大，反之则减小。对于非立方晶系，点阵常数可能在某些晶体取向增大，而沿其他晶体取向则减小。根据上述规律，可以初步判断是否为置换型固溶体。

8.3.5.2　置换型固溶体组分测量

对于置换型固溶体，尤其是离子盐类，点阵常数随溶质原子浓度（摩尔比）变化近似成线性关系，即服从费伽定律（Vegard's law）：

$$a_x = a_A + (a_B - a_A)x_B \qquad (8\text{-}12)$$

式中，a_A、a_B 分别为固溶体组元 A、B 的点阵常数。当实验中测得固溶体的点阵常数为 a_x，代入式（8-12）即可求得固溶体中 B 原子的含量。多数情况下[❶]，尤其是金属体系中，应先测得点阵常数与溶质原子浓度之间的关系曲线，之后将测得的点阵常数精确值与关系曲线进行对照，以确定固溶体的组分。

8.3.5.3　相图的测定

利用 X 射线衍射测定相图的基本原理是，随合金成分的变化，物相的点阵常数在相界处具有不连续性。由此，通过测定固态部分单相区与两相区的分界线，便能绘制相图。此外，还能够通过衍射花样的测定，验证不同相区内的物相组成情况。

图 8-14 以 A-B 二元合金为例，展示了 α 和 α+β 相界的测定方法。α 和 β 分别以 A 和 B 原子为基体置换固溶体，且 B 原子尺寸大于 A 原子。如图 8-14（a）所示，假定在 T_1 和 T_2 温度下采样后，进行 X 射线衍射测量点阵常数。当处于 α 单相区内时，点阵常数随成分显著变化，如 1～6 号试样，随着 B 原子含量增加，α 固溶体相的点阵常数逐渐变大。进一步增加 B 原子含量达到图中 7 号试样成分时，T_1 温度下 α 固溶体过饱和后析出 β 相，进入 α+β 双相区。T_1 温度下进入双相区后，α 固溶体相的成分不再变化，其点阵常数也不再随合金名义成分而变化。如图 8-14（b）所示，7～9 号试样的 α 固溶体相的点阵常数保持恒定不变。

综上所述，在 T_1 温度下测定 α 相点阵常数随成分的变化曲线，会在 α 单相区和 α+β 双相区交界处出现转折点后进入平台区，该转折点对应着 B 原子在 α 相中的溶解度极限，即 T_1 温度下的相界点。同理，在 T_2 温度下测定 α 相的点阵常数随成分变化曲线，获得 T_2 温度下的相界点。以此类推，通过测定不同温度下的相界点并连线即可获得相界线，进而绘制出相图中不同相区的分布情况。双相区内 α 相因热胀冷缩效应，会造成点阵常数在不同温度下的差异性，如图 8-14（b）中 T_2 温度下 6′ 和 7′ 号试样的点阵常数，明显低于 T_1 温度下 6 和 7 号试样的点阵常数。

---

❶　对于绝大多数金属或者无机体系，点阵常数随溶质原子的浓度变化往往偏离线性关系，因而费伽定律在大多数体系中并不适用。

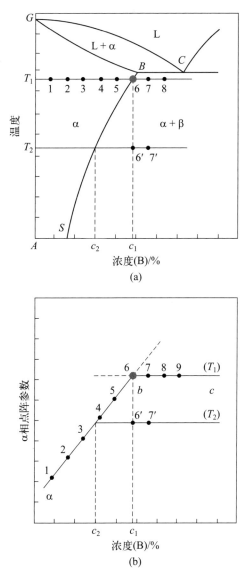

图 8-14 二元 A-B 合金相图的测量方法
（a）富 A 端的取样点；（b）点阵常数在单相区和双相区中随合金成分和温度的变化情况

习题与思考题

8-1 说明 X 射线衍射应用于物相定性分析和定量分析的基本原理。

8-2 用 X 射线衍射测定点阵常数的原理是什么？为什么要尽可能选用高角区的衍射线条或衍射峰？

8-3 如何通过 X 射线衍射精确测定合金固溶体的点阵常数来确定合金元素的含量？

8-4 储氢材料中氢原子通常占据间隙位置，能否用 X 射线衍射方法判别氢原子是否进入晶格？说明理由。

8-5 利用多晶衍射仪能否判别聚合物中是否存在非晶相？如何鉴定？

8-6 说明非晶态材料晶化度测量的基本原理。

8-7 X射线衍射谱高角处的衍射峰通常会宽化或劈裂，分析相关的原因。

8-8 利用X射线衍射仪能否分析材料的化学成分？说明理由。

8-9 用粉末多晶衍射仪测量某A-B二元共晶体系，B原子体积大于A原子。试分析在如图8-15所示的不同组分下，衍射谱如何变化？

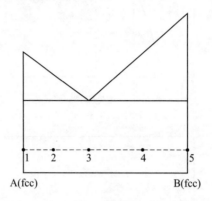

图 8-15 A-B二元共晶体系中5个不同组分
（A 和 B 的晶格类型为 fcc）

8-10 如图8-15所示的合金体系中，若在X射线衍射谱中只观察到B相，而未观察到A相的衍射峰，能否确定组分中不含A？为什么？

8-11 Au原子能够和银（Ag）或者铜（Cu）等元素固溶，如何通过使用X射线衍射技术判别Au中是否掺入了其他金属元素？

第 9 章

X 射线衍射应力分析

内应力的测量和研究，对评价材料强度和加工工艺、检验产品质量以及分析破坏事故原因等具有非常重要的实际工程意义，如检查应力消除工艺的效果和表面处理效果，以及预测零件疲劳强度等。不同类型的内应力对 X 射线衍射峰的影响亦不同，第一类应力（宏观应力）、第二类应力（微观应力）和第三类（晶格畸变应力）应力分别会引起衍射峰位、峰形和峰强的改变。一些结构特征，如微晶、纳米晶和镶嵌结构等也会引起峰形宽化，本章关注内应力引起的衍射信息变化。在介绍内应力的产生及其分类之后，讲解不同类型内应力对 X 射线衍射谱的峰位、峰形和峰强的影响，并探讨单轴应力和平面应力的测定原理及测量方法。

9.1 应力产生与分类

内应力（也称为残余应力），是指当外部荷载移除之后，仍残存在物体内部的应力。内应力的产生是材料弹性各向异性和塑性各向异性的反映，并与材料内部宏观或微观组织的不均匀体积变化有关。材料及其制品在冷、热加工过程中常常引入内应力，如烧结、切削、装配、冷拉、冷轧、铸造、锻造、热处理、电镀等工艺。材料中不均匀的弹性变形或不均匀的弹塑性变形也会引入内应力。我们知道，单晶体材料具有各向异性。虽然多晶体材料在宏观上表现出"各向同性"，但由于晶界的存在和晶粒的不同取向，弹塑性变形在微观上总是不均匀的。

为了正确理解 X 射线测量材料内应力的基本原理和应用范围，必须对内应力的产生原因和作用范围有较清晰的了解。1973 年，德国学者马赫劳赫（E. Macherauch）提出，按内应力的性质和作用范围，将内应力划分为第一类应力、第二类应力和第三类应力。一般在国外文献中，把第一类内应力称为宏观应力（macrostress），而采用微观应力（microstress）的概念统称第二类和第三类内应力。在我国科技文献中，习惯把第一类应力称为残余应力，把第二类应力称为微观应力，而第三类应力的名称尚未统一，有晶格畸变应力、点阵畸变应力和超微观应力等称谓。在 9.3 节中，将介绍三类应力的作用范围及其对 X 射线衍射谱（峰位、峰形和峰强）的影响。

工程界习惯以产生内应力的工艺过程对内应力进行命名和归类，如铸造应力、焊接应力、热处理残余应力、磨削残余应力、喷丸残余应力等，这些均是指第一类残余应力。按内应力的产生原因又可分为热应力和组织应力。其中，造成热应力的主要原因有：

① 工件冷热变形时沿截面弹塑性变形不均匀；

② 工件加热或冷却时由于不同部位的温度分布导致的热胀冷缩不均匀；

③ 热处理时温度分布不均匀引起相变过程的不同时性。

9.2 应力测定的方法和基本原理

内应力的测定方法有多种，如 X 射线法、电阻应变片法、机械引伸仪法、小孔松弛法、超声波法、光弹性复膜法等。除超声波法外，诸多内应力测定方法的共同点是，通过测定内应力作用下产生的应变量，再根据胡克定律计算应力数值。胡克定律给出了弹性变形范围内的应力 σ-应变 ε 关系。

$$\sigma = Y\varepsilon \quad （狭义）$$

或者

$$\begin{cases} \varepsilon_1 = \dfrac{1}{Y}[\sigma_1 - \mu(\sigma_2 + \sigma_3)]（广义） \\[2mm] \varepsilon_2 = \dfrac{1}{Y}[\sigma_2 - \mu(\sigma_1 + \sigma_3)]（广义） \\[2mm] \varepsilon_3 = \dfrac{1}{Y}[\sigma_3 - \mu(\sigma_1 + \sigma_2)]（广义） \end{cases} \tag{9-1}$$

式中　　Y——弹性模量[1]，GPa；

　　　　μ——泊松比[2]；

σ_1、σ_2、σ_3——主应力，GPa。

X 射线应力测定始于 20 世纪初。相比其他测量方法，其优点有：

① X 射线测定法为非破坏性试验方法；

② X 射线能测定很小范围内的应变，而其他方法测定的应变通常为更大尺寸范围内的平均值；

③ X 射线法能测定金属试样表层内的二维应力；

④ X 射线法对材料中三类内应力的测定均适用。

9.3 三类应力与 X 射线衍射谱

① 在多个晶粒范围内存在并保持平衡的内应力（受压或受拉），称为第一类应力或宏观残余应力。也就是说，第一类应力涉及相当多个小晶粒。宏观残余应力的主要来源是大形变

---

[1] 在一些文献中也有用 E 表示弹性模量，这里为了区别能量符号采用了 Y。

[2] 在一些文献中也有用 ν 表示泊松比，这里为了区别频率符号而采用了 μ。

引起的不均匀塑性变形、热加工造成的不均匀塑性变形与不均匀体积变化（如工件中导热、热膨胀等的不同，或者相变等引起的体积变化）、化学变化（如渗氮、电镀、喷涂等）产生的宏观应力。在 X 射线衍射分析中，这些宏观残余（压或者拉）应力通过改变晶面间距 d_0 的数值（见图 9-1），使衍射角 2θ 发生变化，进而造成衍射峰位的移动。根据布拉格方程，测定衍射线条或衍射峰相对于无应力时衍射角 2θ 的位移量，便能确定晶面间距的变化量 Δd，进而求出第一类应力造成的应变值

$$\varepsilon = \frac{\Delta d}{d_0} \qquad (9\text{-}2)$$

然后，根据胡克定律即可计算出第一类应力的数值。

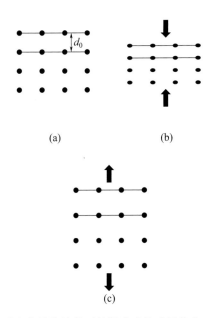

图 9-1　第一类应力对多个晶粒的晶面间距造成拉或压效应：（a）无应力时的晶面间距 d_0；压应力（b）和拉应力（c）作用后的晶面间距变化情况

② 在一个晶粒范围内（晶粒内部）存在并保持平衡的内应力，称为第二类应力或微观应力。微观应力主要来源于晶粒的各向异性（热膨胀系数、弹性常数、晶粒间方位等的取向差异性）、晶粒内外的塑性变形、夹杂物和沉淀相等。总之，第二类内应力的作用范围在晶粒、亚晶粒内部，并在晶粒尺寸范围内平衡。

第二类应力会导致衍射峰的宽化，最典型的例子是位错附近的应力场，原理见图 9-2。位错的产生使一个晶粒内部原子、离子的排列偏离规则晶格，引入空缺、错断、扭曲等，进而造成相当小的区域内存在着不均匀的显微应力。这将导致不同区域内的微观应变分布不均匀，使得同一晶面族所属晶面的晶面间距，在试样不同区域内表现出差异性，即在 $d_0 \pm \Delta d$ 范围内变化。由布拉格方程可知，这会引起衍射峰位 2θ 宽化。由于面间距围绕在 d_0 附近统计分布，其相对变化量没有方向性，故与这一类微观应力对应的衍射峰呈对称宽化，峰顶位置不变，即没有峰位移动。

在第 6 章讲述过，由于第二类微观应力的存在，应变和 X 射线衍射谱宽化的关系遵循 Stokes-Wilson 公式

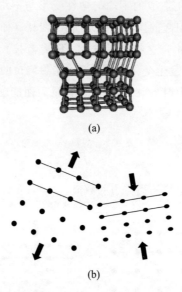

(a)

(b)

图 9-2　第二类应力引起衍射峰宽化的原因：（a）位错结构引起局部区域的拉、压应变；
（b）同一族晶面〈HKL〉的晶面间距在位错附近的微区内具有差异性

$$\varepsilon = \frac{\beta_{strain}}{4\tan\theta_{HKL}}$$

式中，β_{strain} 是第二类微观应力对应的衍射峰半高宽。根据上述理论，通过对衍射峰宽化的分析，可进一步计算试样中的位错密度。衍射角（2θ）与微观应变（ε）、X 射线波长（λ）及相干畴尺寸（d_{CD}）间的关系如下

$$\frac{\Delta^2\theta}{\tan^2\theta} = \frac{\lambda}{d_{CD}}\frac{\Delta\theta}{\tan\theta\sin\theta} + 16\langle\varepsilon^2\rangle \tag{9-3}$$

可以看出，$\dfrac{\Delta^2\theta}{\tan^2\theta}$ 与 $\dfrac{\Delta\theta}{\tan\theta\sin\theta}$ 成正比关系。基于 X 射线衍射峰的宽化数据，根据式（9-3）建立两者的关系曲线，通过曲线的斜率和截距分别求得 d_{CD} 和 $\langle\varepsilon^2\rangle$ 后，便可计算位错密度

$$\rho = 2\sqrt{3}\langle\varepsilon^2\rangle^{1/2}/\vec{b}d_{CD} \tag{9-4}$$

式中　$\vec{b}$——伯氏矢量。

③ 一个晶胞内达到平衡的应力，称为第三类应力或点阵畸变应力。第三类应力源于不同种类的原子固溶移动、扩散和重排等，其作用范围在若干个原子尺寸范围内（纳米量级），如图 9-3 所示。

当第三类应力存在时，晶胞内原子可能会偏离理想坐标位置，也就是所谓的晶格畸变现象。依据式（5-15）可知，变量 x、y、z 的变动会造成晶胞的结构因子降低。

$$|F_{HKL}|^2 = \left[\sum_{j=1}^{n} f_j\cos2\pi(Hx_j + Ky_j + Lz_j)\right]^2 +$$

$$\left[\sum_{j=1}^{n} f_j\sin2\pi(Hx_j + Ky_j + Lz_j)\right]^2$$

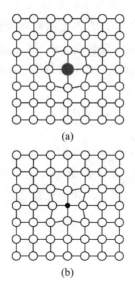

图 9-3 大尺寸原子（a）和小尺寸原子（b）取代格点原子造成的晶格畸变情况

相应地，晶胞散射能力以及散射线之间的干涉效率会降低。进而，衍射强度会随之降低。因此，根据衍射强度的下降情况，可以测定第三类应力的数值。

9.4 X 射线衍射单轴应力测定

在拉应力 σ_y 作用下，试样沿拉伸方向（Y 轴）产生变形，如图 9-4 所示。假设晶粒中某一衍射面（HKL）与 Y 轴垂直，无应力条件下晶面间距为 d_0，而在应力作用下变为 d_n。若测得垂直于 Y 轴的衍射面（HKL）的晶面间距扩张量为 $\Delta d = d_n - d_0$，则应变量为 $\varepsilon_y = \Delta d / d_0$。根据胡克定律，应力和应变之间存在关系

$$\sigma_y = Y\varepsilon_y = Y\Delta d / d_0 \tag{9-5}$$

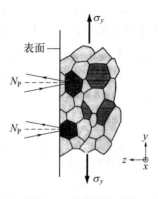

图 9-4 单轴应力 σ_y 作用下，试样沿拉伸方向（y 轴）产生变形

表观上讲，通过查阅材料的弹性模量 Y，根据式（9-5）便能计算出单轴应力数值。然而，现有的实验技术尚无法直接测得拉伸方向上的晶面间距变化量。实际操作中，常利用泊松效应间接获得拉伸方向上的晶面间距变化量。由材料力学的泊松效应可知，由 Z 方向和 X 方向的应变能够间接推算 Y 方向的应变。对于均匀物质存在关系式

$$\varepsilon_x = \varepsilon_z = -\mu\varepsilon_y \tag{9-6}$$

式中 μ——材料的泊松比。

对于多晶试样，总有若干个晶粒中的（HKL）衍射面与表面平行，晶面法线为 N_P。在单轴应力 σ_y 作用下，与表面平行的晶面间距变化量是可测的。例如，（HKL）衍射面在施加应力前后的晶面间距由 d_0 变为 d_{zn}，晶面间距变化量 $\Delta d_z = d_{zn} - d_0$ 对应着应变

$$\varepsilon_z = \frac{d_{zn} - d_0}{d_0}$$

此式和式（9-6）一起代入式（9-5）中，得到 σ_y 为

$$\sigma_y = Y\varepsilon_y = Y\left(-\frac{\varepsilon_z}{\mu}\right) = -\frac{Y}{\mu}\left(\frac{d_{zn} - d_0}{d_0}\right) \tag{9-7}$$

由第 8 章中式（8-10）已经推导出，某一方向晶面间距变化与 X 射线衍射线条或衍射峰位移 $\Delta\theta$ 的关系为

$$\frac{\Delta d}{d_0} = -\cot\theta\,\Delta\theta$$

于是，Z 方向上晶面间距的变化比例 $\Delta d_z / d_0$，能由相应衍射线条或衍射峰的位移推得。将上式代入式（9-7）中有

$$\sigma_y = \frac{Y}{\mu}\cot\theta\,\Delta\theta \tag{9-8}$$

式（9-8）是利用 X 射线衍射测定单轴应力的基本公式。该式表明，在单轴应力作用下试样中存在宏观应力时，衍射线条或衍射峰产生位移。通过测量衍射线条或衍射峰的位移量，即可计算宏观残余应力。式（9-8）中也利用了泊松效应，其中的泊松比是材料的一个重要物理量，由法国力学家泊松（S. D. Poisson）提出，是反映材料纵向加载后横向变形能力的弹性常数。对各向同性材料，借助弹性模量 Y 和泊松比，能确定材料的其他弹性参量。表 9-1 给出了常见材料的泊松比。金属往往比无机非金属材料具有更高的泊松比，而高分子材料的特点是低模量和更高的泊松比。需注意的是，还有一类特殊材料具有负的泊松比，其应力-应变响应情况与正泊松比材料不同，如图 9-5 所示。

表 9-1 常用材料的泊松比

序号	材料名称	弹性模量/GPa	切变模量/GPa	泊松比
1	混凝土	14～39	4.9～15.7	0.1～0.18
2	玻璃	55	22	0.25

序号	材料名称	弹性模量/GPa	切变模量/GPa	泊松比
3	灰铸铁、白口铸铁	113～157	44	0.23～0.27
4	碳钢	196～206	79	0.24～0.28
5	钼铬钢、合金钢	206	79	0.25～0.30
6	轧制锌	82	31	0.27
7	铸钢	172～202	—	0.30
8	硬铝合金	70	26	0.30
9	轧制纯铜	108	39	0.31～0.34
10	冷拔黄铜	89～97	34～36	0.32～0.42
11	轧制铝	68	25～26	0.32～0.36
12	轧制锰青铜	108	39	0.35
13	铅	17	7	0.42
14	尼龙	28	10	0.40
15	橡胶	0.0078	—	0.47

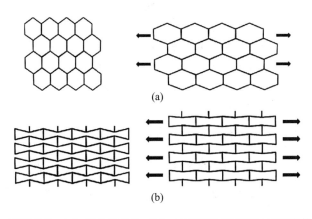

图 9-5　正泊松比（a）和负泊松比（b）材料在拉伸变形时的响应情况对比

9.5 X 射线衍射平面应力测定

　　一般情况下，材料的应力状态并非单轴应力那么简单。材料内部的单元体通常处于三轴应力状态。而表面则不同，由于垂直于表面方向的应力为零，即 $\sigma_3 = 0$，故表面处于平面应力状态。对于金属试样，由于 X 射线只能照射深度为几十微米左右的表层，所以 X 射线法测定的是表面（二维）的平面应力。除了传统的 $\sin^2\psi$ 法外，研究人员最近也提出了一些新方法来测定残余应力，比如 $\cos\alpha$ 法（见参考文献 [63]），本节将主要介绍 $\sin^2\psi$ 法。

9.5.1 基本原理

如图 9-6 所示，三维应力、应变状态下，沿着 OA（ψ 角）方向有应变 ε_ψ 和应力 σ_ψ。其中，应变 ε_ψ 与三个主应变 ε_i（$i=1,2,3$）之间的关系为

$$\varepsilon_\psi = \alpha_1^2 \varepsilon_1 + \alpha_2^2 \varepsilon_2 + \alpha_3^2 \varepsilon_3 \tag{9-9}$$

式中，α_1、α_2、α_3 在三个主应变方向有如下公式

$$\begin{cases} \alpha_1 = \sin\psi\cos\phi \\ \alpha_2 = \sin\psi\sin\phi \\ \alpha_3 = \cos\psi = \sqrt{1 - \sin^2\psi} \end{cases} \tag{9-10}$$

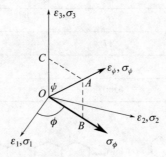

图 9-6　沿 OA 方向的三维应变 ε_ψ 和三维应力 σ_ψ，在 XY 平面内沿 OB 方向的二维应力 σ_ϕ（$\psi=90°$）以及轴向的主应变 ε_i 和主应力 σ_i（$i=1,2,3$）

将式（9-10）代入式（9-9）中可得

$$\varepsilon_\psi = (\sin\psi\cos\phi)^2 \varepsilon_1 + (\sin\psi\sin\phi)^2 \varepsilon_2 + (1 - \sin^2\psi)\varepsilon_3$$

$$\varepsilon_\psi - \varepsilon_3 = (\sin\psi\cos\phi)^2 \varepsilon_1 + (\sin\psi\sin\phi)^2 \varepsilon_2 - \sin^2\psi\varepsilon_3 \tag{9-11}$$

平面应力状态时，$\sigma_3=0$，相应的广义胡克定律公式 [式（9-1）] 简化为

$$\begin{cases} \varepsilon_1 = \dfrac{1}{Y}(\sigma_1 - \mu\sigma_2) \\[2mm] \varepsilon_2 = \dfrac{1}{Y}(\sigma_2 - \mu\sigma_1) \\[2mm] \varepsilon_3 = -\dfrac{\mu}{Y}(\sigma_1 + \sigma_2) \end{cases} \tag{9-12}$$

将式（9-12）代入式（9-11）中得到

$$\varepsilon_\psi - \varepsilon_3 = \frac{1+\mu}{Y}(\sigma_1\cos^2\phi + \sigma_2\sin^2\phi)\sin^2\psi \tag{9-13}$$

式（9-13）描述了三维应变与平面应力之间的关系。

同理，沿着 OA 方向的应力 σ_ψ 与三个主应力 σ_i（$i=1,2,3$）之间的关系为

$$\sigma_\psi = \alpha_1^2 \sigma_1 + \alpha_2^2 \sigma_2 + \alpha_3^2 \sigma_3 \tag{9-14}$$

因平面应力状态时 $\sigma_3 = 0$，于是

$$\sigma_\psi = \alpha_1^2 \sigma_1 + \alpha_2^2 \sigma_2 \tag{9-15}$$

将式（9-10）的方向余弦代入式（9-15）可得

$$\sigma_\psi = (\sin\psi\cos\phi)^2 \sigma_1 + (\sin\psi\sin\phi)^2 \sigma_2 \tag{9-16}$$

XY 平面内沿 OB 方向的平面应力 σ_ϕ，因 $\psi = 90°$ 和 $\sin\psi = 1$，故

$$\sigma_\phi = \cos^2\phi\sigma_1 + \sin^2\phi\sigma_2 \tag{9-17}$$

将式（9-17）代入式（9-13）得

$$\varepsilon_\psi - \varepsilon_3 = \frac{1+\mu}{Y}\sigma_\phi \sin^2\psi \tag{9-18}$$

式中，$\dfrac{1+\mu}{Y}$ 为与材料弹性性能相关的常数。

式（9-18）即为平面残余应力测定的基本公式。

9.5.2 $\sin^2\psi$ 法

实际操作时，通常采用 $\sin^2\psi$ 法计算平面残余应力数值。接下来，讨论 $\sin^2\psi$ 法的基本原理和公式推导。将式（9-18）两边对 $\sin^2\psi$ 求导

$$\frac{\partial\varepsilon_\psi}{\partial\sin^2\psi} = \frac{1+\mu}{Y}\sigma_\phi \tag{9-19}$$

于是有

$$\sigma_\phi = \frac{Y}{1+\mu} \times \frac{\partial\varepsilon_\psi}{\partial\sin^2\psi} \tag{9-20}$$

使用表达 ε_ψ 的公式［式（8-10）］并做适当变形，可以得出

$$\varepsilon_\psi = \frac{\Delta d}{d_0} = -\cot\theta_\psi \Delta\theta_\psi = -\frac{\cot\theta_\psi}{2}\Delta 2\theta_\psi \tag{9-21}$$

上式反映了应变与衍射角之间的关系。将式（9-21）代入式（9-20），最终得到 $\sin^2\psi$ 法计算平面应力的基本公式

$$\begin{aligned}
\sigma_\phi &= -\frac{Y}{2(1+\mu)}\cot\theta_0 \frac{\partial(2\theta_\psi)}{\partial(\sin^2\psi)} \\
&= -\frac{Y}{2(1+\mu)}\cot\theta_0 \frac{\pi}{180} \times \frac{\partial(2\theta_\psi)}{\partial(\sin^2\psi)}
\end{aligned} \tag{9-22}$$

当使用角度表示 $2\theta_\psi$，则有

式中　θ_0——无应力时某一衍射面（HKL）的布拉格角，$2\theta_0$ 为衍射角，（°）；

$\quad\quad 2\theta_\psi$——衍射面（HKL）在有平面残余应力情况下的衍射角，（°）；

$\quad\quad \psi$——衍射面（HKL）法线与测量表面的夹角，（°）。

$\sin^2\psi$ 法中 $2\theta_\psi$ 和 ψ 均为实验可测参量，而 Y 和 μ 为材料本征的弹性常数。当 $\dfrac{\partial(2\theta_\psi)}{\partial(\sin^2\psi)}<0$

时，为拉应力；当 $\dfrac{\partial(2\theta_\psi)}{\partial(\sin^2\psi)}>0$ 时，为压应力。对于受力均匀的试样，在任何位置沿任何方向测量，获得的平面应力值均相同。

在无应力和平面残余应力两种情况下，多晶试样中衍射面对应的衍射角变化分别如图 9-7 和图 9-8 所示。无应力时，当选择某一衍射面（HKL）作为研究对象，无论测量角度 ψ 如何改变，根据布拉格方程得到的衍射角都一致，即存在关系 $2\theta_{\psi1}=2\theta_{\psi2}=2\theta_{\psi3}=2\theta_0$，如图 9-7 所示。相比之下，存在平（表）面残余应力时，不同 ψ 角测量条件下，该衍射面对应的衍射角会根据实际受力情况发生规律性改变，如图 9-8 所示。如果表面残余应力是拉应力，则有 $2\theta_{\psi1}>2\theta_{\psi2}>2\theta_{\psi3}$；若表面残余应力是压应力，则有 $2\theta_{\psi1}<2\theta_{\psi2}<2\theta_{\psi3}$。

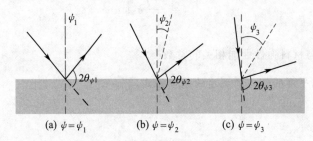

图 9-7　X 射线照射无应力的多晶试样，选定衍射面后，随衍射面与
试样表面夹角 ψ 变化时，衍射角不变，即 $2\theta_{\psi1}=2\theta_{\psi2}=2\theta_{\psi3}$

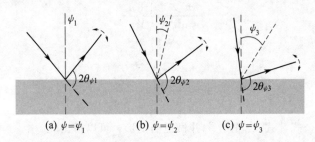

图 9-8　X 射线照射存在平面残余应力的多晶试样，选定衍射面的法线与试样表面夹角为
ψ_i（$i=1,2,3$），残余应力为拉应力和压应力时的衍射角 $2\theta_{\psi i}$ 遵循不同的变化规律

那么，如何采用 $\sin^2\psi$ 法开展平面应力的实际测量？首先，选定工件材料的一个衍射面（HKL）为研究对象，无应力下理想晶体的衍射角为 $2\theta_0$。调整该衍射面法线与试样表面的夹角，使 X 射线从不同角度（ψ）照射衍射面。根据式（9-22），存在应力状态下衍射面（HKL）对应的衍射角变为 $2\theta_\psi$。式（9-22）中其他变量为材料已知的弹性常数，故采用衍射仪法测量时，只需记录不同测量角度 ψ 下的衍射角 $2\theta_\psi$。绘制 $2\theta_\psi$-$\sin^2\psi$ 的关系图，获得斜率 $\dfrac{\partial(2\theta_\psi)}{\partial(\sin^2\psi)}$ 后代入式（9-22），即可计算得到平面应力。图 9-9 给出拉应力状态下工件衍射角（$2\theta_\psi$）随三角函数（$\sin^2\psi$）的变化规律示意图。

最后，简要介绍 X 射线应力测量的仪器和试样要求。图 9-10 为 X 射线应力仪的结构示意图，其核心部分为测角仪。应力仪的测角仪为立式，测角仪上装有可绕试件转动的 X 射线管

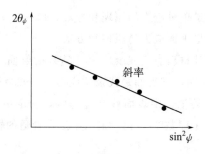

图 9-9　在拉应力状态下衍射面（HKL）的衍射角 $2\theta_\psi$ 与测量角度正弦平方（$\sin^2\psi$）的关系曲线

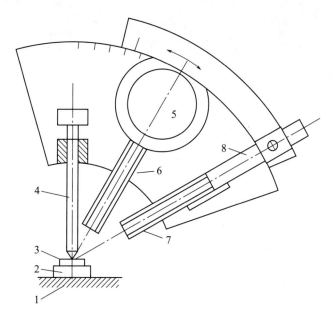

图 9-10　X 射线应力仪中主要结构部件的位置关系
1—试样台；2—试样；3—小镜；4—标距杆；5—X 射线管；6—入射光阑；7—接收光阑；8—计数管

和计数管（即辐射探测器）。通过转动 X 射线管能够改变入射线的方向 ψ。从 X 射线管 5 发出的 X 射线，经入射光阑 6 照射到位于试样台 1 上的试样 2 上，衍射线则通过接收光阑 7 进入计数管 8。计数管在测角仪圆上扫描范围为 110°～170°，且扫描速度也可以调节。

　　X 射线应力测定要求具有较高的测试经验，包括：①衍射面的选择。$2\theta_0$ 角要尽量大，且有较高的衍射强度，以确保平面应力下，测量角度有明显变化。②晶粒粒径在 30μm 时测量结果最好。晶粒尺寸过大，参与衍射的晶粒数目减少，会造成衍射线条或衍射峰的峰形异常，测定的应力值可靠性下降，重现性差。晶粒过小，衍射线条或衍射峰会发生宽化，测量精度也会下降。③试样表面要求干净、平整等。

习题与思考题

9-1　说明残余内力的三种分类情况及其对 X 射线衍射谱的影响。

9-2　说明 X 射线衍射测量单轴应力的原理和方法。

9-3　说明 X 射线衍射测量平面应力的原理和方法。

9-4　用 X 射线衍射测定某材料表面残余应力，随某衍射面（HKL）法线与表面夹角增大，其对应衍射角也增大，说明试样表面是残余拉应力还是残余压应力？为什么？

9-5　用 X 射线衍射测定某工件中表面残余应力时，选定衍射面（211），如果实验室有 Cu（原子序数 29）和 Cr（原子序数 24）靶，请从中选择合适的靶材，并简单说明理由。

附录

附录 A 劳厄方程与布拉格方程的等效性

已知劳厄方程为

$$\begin{cases} a(\cos\alpha - \cos\alpha_0) = H\lambda \\ b(\cos\beta - \cos\beta_0) = K\lambda \\ c(\cos\gamma - \cos\gamma_0) = L\lambda \end{cases} \tag{A-1}$$

将式（A-1）左右两边平方可得

$$\begin{cases} a^2(\cos^2\alpha - 2\cos\alpha\cos\alpha_0 + \cos^2\alpha_0) = H^2\lambda^2 \\ b^2(\cos^2\beta - 2\cos\beta\cos\beta_0 + \cos^2\beta_0) = K^2\lambda^2 \\ c^2(\cos^2\gamma - 2\cos\gamma\cos\gamma_0 + \cos^2\gamma_0) = L^2\lambda^2 \end{cases} \tag{A-2}$$

为简单起见，假设晶体属于立方晶系，即存在关系 $a = b = c$。

式（A-2）相加，可得

$$\begin{aligned} a^2\big[(\cos^2\alpha + \cos^2\beta + \cos^2\gamma) + (\cos^2\alpha_0 + \cos^2\beta_0 + \cos^2\gamma_0) - \\ 2(\cos\alpha\cos\alpha_0 + \cos\beta\cos\beta_0 + \cos\gamma\cos\gamma_0)\big] \\ = (H^2 + K^2 + L^2)\lambda^2 \end{aligned} \tag{A-3}$$

在直角坐标系中，已知任一根直线的方向余弦平方为 1，即

$$\cos^2\alpha + \cos^2\beta + \cos^2\gamma = \cos^2\alpha_0 + \cos^2\beta_0 + \cos^2\gamma_0 = 1 \tag{A-4}$$

假如两条直线的方向余弦分别为 $\cos\alpha$、$\cos\beta$、$\cos\gamma$ 和 $\cos\alpha_0$、$\cos\beta_0$、$\cos\gamma_0$，则它们夹角的余弦为

$$\cos\alpha\cos\alpha_0 + \cos\beta\cos\beta_0 + \cos\gamma\cos\gamma_0 \tag{A-5}$$

对于衍射而言，这两条直线分别为入射和衍射线，夹角为 2θ。于是，上式简化为

$$\cos\alpha\cos\alpha_0 + \cos\beta\cos\beta_0 + \cos\gamma\cos\gamma_0 = \cos 2\theta \tag{A-6}$$

代入式（A-3）有如下关系

$$a^2(1 + 1 - 2\cos 2\theta) = (H^2 + K^2 + L^2)\lambda^2 \tag{A-7}$$

或

$$4a^2\sin^2\theta = (H^2 + K^2 + L^2)\lambda^2 \qquad (\text{A-8})$$

利用立方系晶面间距的关系式

$$\frac{a^2}{H^2 + K^2 + L^2} = d_{HKL}{}^2$$

便可得到

$$2d_{HKL}\sin\theta = \lambda \qquad (\text{A-9})$$

即由劳厄方程可推得布拉格方程。

附录 B　衍射矢量方程与劳厄方程等效性

已知衍射矢量方程，即

$$\frac{\vec{s}}{\lambda} - \frac{\vec{s_0}}{\lambda} = \vec{r}_{HKL}^* \tag{B-1}$$

式（B-1）两端同时点乘三个晶体点阵矢量 $\vec{a}$、$\vec{b}$、$\vec{c}$，得到如下关系

$$\vec{a} \cdot \frac{\vec{s} - \vec{s_0}}{\lambda} = \vec{r}_{HKL}^* \cdot \vec{a} \tag{B-2}$$

$$\vec{a} \cdot \frac{\vec{s} - \vec{s_0}}{\lambda} = \vec{a} \cdot (H\vec{a}^* + K\vec{b}^* + L\vec{c}^*) = H \tag{B-3}$$

由 $\vec{a} \cdot \vec{s} = a\cos\alpha$ 可得

$$a\cos\alpha - a\cos\alpha_0 = H\lambda \tag{B-4}$$

同理，可得

$$\vec{b} \cdot \frac{\vec{s} - \vec{s_0}}{\lambda} = K \rightarrow b(\cos\beta - \cos\beta_0) = K\lambda \tag{B-5}$$

$$\vec{c} \cdot \frac{\vec{s} - \vec{s_0}}{\lambda} = L \rightarrow c(\cos\gamma - \cos\gamma_0) = L\lambda \tag{B-6}$$

这样，由衍射矢量方程可推得劳厄方程。

附录 C 衍射矢量方程与布拉格方程等效性

由衍射矢量方程

$$\frac{\vec{s} - \vec{s_0}}{\lambda} = \vec{r}^*_{HKL} \tag{C-1}$$

可知，矢量 $\vec{s} - \vec{s_0}$ 与倒易矢量 $\vec{r}^*_{HKL}$ 平行，$\vec{r}^*_{HKL}$ 对应的衍射面为（HKL）。晶面与 $\vec{r}^*_{HKL}$ 垂直，并将入射光束 $\vec{s_0}$ 和反射光束 $\vec{s}$ 的夹角平分。于是，可将晶面（HKL）看成是 $\vec{s_0}$ 与 $\vec{s}$ 的反射面。进而，按几何关系得到

$$|\vec{s} - \vec{s_0}| = |2\vec{s}\sin\theta| \tag{C-2}$$

因 $\vec{s}$ 是单位矢量，于是有

$$|\vec{s} - \vec{s_0}| = 2\sin\theta \tag{C-3}$$

进而可得

$$\frac{2\sin\theta}{\lambda} = \frac{1}{d_{HKL}} \tag{C-4}$$

上式变形后，便可得到

$$2d_{HKL}\sin\theta = \lambda \tag{C-5}$$

即由衍射方程可推得布拉格方程。

参考文献

［1］ 范雄.X 射线金属学［M］.北京：机械工业出版社，1989.

［2］ Cullity B D，Stock S R. Elements of X-ray Diffraction［M］. 3rd Edition. Edinburg：Pearson Education，2001.

［3］ 潘峰，王英华，陈超.X 射线衍射技术［M］.北京：化学工业出版社，2016.

［4］ 周玉，姜传海，魏大庆，等.材料分析方法［M］.4 版.北京：机械工业出版社，2020.

［5］ 周达飞，陆冲，宋鹏.材料概论［M］.3 版.北京：化学工业出版社，2015.

［6］ 姜传海，杨传铮.X 射线衍射技术及其应用［M］.上海：华东理工大学出版社，2010.

［7］ 马礼敦，杨福家.同步辐射应用概论［M］.2 版.上海：复旦大学出版社，2005.

［8］ 王英华.X 射线衍射技术基础［M］.北京：原子能出版社，1993.

［9］ 周玉，武高辉.材料分析测试计算——材料 X 射线衍射与电子显微分析［M］.2 版.哈尔滨：哈尔滨工业大学出版社，2007.

［10］ Moss D S. International Tables for X-Ray Crystallography：vol 4［M］. Birmingham：Kynoch，1974.

［11］ Klug H P，Alexander L. X-ray Diffraction Procedures for Polycrystalline and Amorphous Materials［M］. 2nd ed. New York：John Wiley and Sons，1974.

［12］ Williamson G K，Smallman R E. Dislocation densities in some annealed and cold-worked metals from measurements on the X-ray debye-scherrer spectrum［J］. Philosophical Magazine，1956，1：34-46.

［13］ 黄胜涛.非晶态材料的结构和结构分析［M］.北京：科学出版社，1987.

［14］ 程国峰，杨传铮，黄月鸿.纳米材料的 X 射线分析［M］.北京：化学工业出版社，2010.

［15］ Liang Y，Lee H S. Conformational identification and phase transition behavior of poly（trimethylene 2，6-naphthalate）α-form modification［J］. Macromolecules，2015，48（16）：5697-5705.

［16］ 梁敬魁.粉末衍射法测定晶体结构［M］.2 版.北京：科学出版社，2011.

［17］ 廖立兵，李国武.X 射线衍射方法与应用［M］.北京：地质出版社，2008.

［18］ 江超华.多晶 X 射线衍射技术与应用［M］.北京：化学工业出版社，2014.

［19］ 马礼敦.近代 X 射线多晶衍射——实验技术与数据分析［M］.北京：化学工业出版社，2004.

［20］ Waseda Y. X-Ray Diffraction Crystallography—Introduction，Examples and Solved Problems［M］. New York：Springer Heidelberg Dordrecht London，2011.

［21］ Als-Nielsen J，McMorrow D. Element of Modern X-ray Physics［M］. 2nd ed. West Sussex：John Wiley and Sons，2011.

［22］ Russo P. Handbook of X-ray imaging physics and technology［M］. Boca Raton：CRC Press，2018.

［23］ 李炎.材料现代微观分析技术——基本原理及应用［M］.北京：化学工业出版社，2011.

［24］ Kasai N，Kakudo M. X-Ray Diffraction by Macromoleculers［M］. New York：Springer Berlin Heidelberg，2005.

［25］ 黄继武，李周.多晶材料 X 射线衍射——实验原理、方法与应用［M］.北京：冶金工业出版社，2012.

［26］ 黄新民，解挺.材料分析测试方法［M］.北京：国防工业出版社，2011.

［27］ 杜希文，原续波.材料分析方法［M］.天津：天津大学出版社，2006.

［28］ Duane W，Hu K F. On The X-Ray Absorption Frequencies Characteristic of the Chemical Elements［J］. Phys Rev，1919，14：516.

［29］ Compton A H，Woo Y H. The wavelength of molybdenum K_a X-rays when scattered by light elements［J］. Proc Nat Acad Sci，1924，10：271-273.

［30］ Woo Y H. Intensity of total scattering of X-rays by monatomic gases［J］. Nature，1930，126：501-502.

[31] Bradley A J，Lu S S. The crystal structures of Cr_2Al and Cr_5Al_8 [J]. Zeitschrift für Kristallographie，1937，96：20-37.

[32] Yü S H. A New Synthesis of X-Ray Data for Crystal Analysis [J]. Nature，1942，149：638-639.

[33] Yü S H. Determination of Absolute Intensities of X-Ray Reflexions from Relative Intensity Data [J]. Nature，1949，163：375-376.

[34] Huang K. X-ray Reflexions from Dilute Solid Solutions [J]. Proc Roy Soc（London），1947，A190：102-117.

[35] Hahn Th. International Tables for Crystallography：Volume A，Space-Group Symmetry [M]. 5th ed. Dordrecht：Springer，2015.

[36] 陆学善，梁敬魁. 从 X 射线的衍射强度测定晶体的德拜特征温度 [J]. 物理学报，1981，30（10）：1361-1368.

[37] 冯端，冯少彤. 晶体的 X 射线衍射理论，纪念劳厄发现晶体 X 射线衍射 90 周年 [J]. 物理，2003，32（7）：434-440.

[38] 唐有祺. 纪念劳厄发现晶体 X 射线衍射 100 周年专题 [J]. 物理，2012，41（11）：714-720.

[39] 麦振洪. 晶体 X 射线衍射的发现及其深远影响，纪念劳厄发现晶体 X 射线衍射 100 周年专题 [J]. 物理，2012，41（11）：721-726.

[40] 马礼敦. X 射线晶体学的百年辉煌 [J]. 物理学进展，2014，34（2）：47-117.

[41] 尹晓冬，何思维. 劳伦斯·布拉格在曼彻斯特的三位中国学生——郑建宣、陆学善、余瑞璜 [J]. 大学物理，2015，34（11）：38-45.

[42] 王富耻. 材料现代分析测试方法 [M]. 北京：北京理工大学出版社，2005.

[43] Pecharsky V K，Zavalij P Y. Fundamentals of powder diffraction and structural characterization of materials [M]. Boston：Springer，2005.

[44] Yılmaz B，Adanova V，Acar R，et al. Shape Patterns in Digital Fabrication：A Survey on Negative Poisson's Ratio Metamaterials [N]. In：A Genctav et al（eds）Research in Shape Analysis，Springer Nature Switzerland AG，2018-05-18. https：//doi. org/10. 1007/978-3-319-77066-6 _ 10.

[45] 赵强. 医学影像设备 [M]. 上海：第二军医大学出版社，2000.

[46] 王斯，安报国，郑一哲. 微焦点 X 射线源（MFX）基础知识介绍 [N]. 滨松中国官网—HAMAMATSU 技术文章及资料中心，2016. http://share. hamamatsu. com. cn/specialDetail/1044. html?from＝groupmessage&isappinstalled＝0&ivk _ sa=1024320u.

[47] Editorial P P. Ewald Memorial Issue [J]. Acta Crystallographica，1986，A42：409-410.

[48] Edmunds I G，Hinde R M，Lipson H. Diffraction of X-Rays by the Alloy $AuCu_3$ [J]. Nature，1947，160：304-305.

[49] Strokes A R，Wilson A J C. The diffraction of X rays by distorted crystal aggregates—Ⅰ [J]. Proceedings of the Physical Society，1944，56：174.

[50] Williamson G K，Hall W H. X-ray line broadening from filed aluminium and wolfram [J]. Acta Metallurgica，1953，1（1）：22-31.

[51] Scherrer P. Bestimmung der Größe und der inneren Struktur von Kolloidteilchen mittels Röntgenstrahlen [J]. Nachrichten von der Gesellschaft der Wissenschaften zu Göttingen，Mathematisch-Physikalische Klasse，1918，2：98-100.

[52] Debye P. Zerstreuung von Röntgenstrahlen [J]. Annalen der Physik B，1915，46：809-823.

[53] Ewald P P. Fifty Years of X-ray Diffraction [M]. Utrecht，International Union of Crystallography，The Netherland：IUCr Publications，1962.

[54] Keen D A. Crystallography and Physics [J]. Physcia Scripta，2014，89：128003.

[55] 贺保平. 二维 X 射线衍射 [M]. 2 版. 程国峰，译. 北京：化学工业出版社，2019.

[56] Cruickshank D W J，Juretschke H J，et al. Ewald and his Dynamical Theory of X-ray Diffraction [M]. Oxford：Oxford University Press，1999.

[57] Fischer H E，Barnes A C，Salmon P S. Neutron and X-ray diffraction studies of liquids and glasses [J]. Reports on Progress in Physics，2005，69：233.

[58] Waseda Y. The Structure of Non-Crystalline Materials [M]. New York：McGraw-Hill，1980.

[59] Raman C V，Ramanathan K R. The Diffraction of X-rays in Liquids，Liquid Mixtures，Solutions，Fluid Crystals and Amorphous Solids [J]. Proceedings of the Indian Academy of Sciences，1923，8：127-162.

[60] Zernike F，Prins J A. Die Beugung von Röntgenstrahlen in Flüssigkeiten als Effekt der Molekülanordnung [J]. Zeitschrift für Physik A Hadrons and nuclei，1927，41：184-194.

［61］ Tomas Soltis，Lorcan M Folan，Waleed Eltareb. One hundred years of Moseley's law：An undergraduate experiment with relativistic effects ［J］. American Journal of Physics，2017，85（5）：352.

［62］ Milathianaki D，Hawreliak J，McNaney J M，et al. A Seeman － Bohlin geometry for high-resolution nanosecond X-ray diffraction measurements from shocked polycrystalline and amorphous materials ［J］. Review of Scientific Instruments，2009，80：093904.

［63］ Tanaka K. X-ray measurement of triaxial residual stress on machined suraces by the $\cos\alpha$ method using a two-dimensional detector ［J］. Journal of Applied Crystallography，2018，51：1329-1338.

［64］ 黄继武，李周. X 射线衍射理论与实践（Ⅰ）［M］. 北京：化学工业出版社，2021.